烟草系列
TOBACCO

加热卷烟制造工艺

编著　黄玉川　刘　锴　梁　坤

编委　郭林青　王帅鹏　史健阳　陶　栩　陈业娴　邓　永

　　　韩　劲　代　怡　韩咚林　刘　晟　侯宁宁　李宏伟

　　　柴祎迪　薄立朗　李　锐

华中科技大学出版社
http://press.hust.edu.cn
中国·武汉

内 容 简 介

　　随着烟草技术的进步以及"大健康"理念的深入人心,新型烟草日益蓬勃发展。尤其是加热卷烟,具有口感接近传统卷烟等诸多优点,一经问世便风靡全球,受到众多消费者的追捧,全球销量也逐年增长。本书旨在概述加热卷烟的发展趋势、特色卷制工艺等内容,从而方便消费者和初入该领域的从业人员对加热卷烟形成初步认识。

图书在版编目(CIP)数据

加热卷烟制造工艺/黄玉川,刘锴,梁坤编著.—武汉:华中科技大学出版社,2022.12
ISBN 978-7-5680-8801-5

Ⅰ.①加…　Ⅱ.①黄…　②刘…　③梁…　Ⅲ.①加热-卷烟-生产工艺　Ⅳ.①TS452

中国版本图书馆 CIP 数据核字(2022)第 236315 号

加热卷烟制造工艺　　　　　　　　　　　　　　　　黄玉川　刘　锴　梁　坤　编著
Jiare Juanyan Zhizao Gongyi

策划编辑：曾　光
责任编辑：白　慧
封面设计：孢　子
责任监印：徐　露
出版发行：华中科技大学出版社(中国·武汉)　　　电话：(027)81321913
　　　　　武汉市东湖新技术开发区华工科技园　　　邮编：430223
录　　排：武汉创易图文工作室
印　　刷：武汉邮科印务有限公司
开　　本：787mm×1092mm　1/16
印　　张：7.75
字　　数：200 千字
版　　次：2022 年 12 月第 1 版第 1 次印刷
定　　价：39.00 元

本书若有印装质量问题,请向出版社营销中心调换
全国免费服务热线：400-6679-118　　竭诚为您服务
版权所有　侵权必究

前　言

　　全球新型烟草制品发展迅猛,其市场规模、消费人群和产销能力正在快速扩张。新型烟草制品的技术内涵、产品特点和消费方式与传统卷烟存在很大的区别,其中加热卷烟的使用体验最接近传统卷烟,其兴起与发展也是新型烟草技术进步的典范,具有时代特色。加热卷烟通过加热的方式对烟草原料进行低温烘烤,挥发其中的尼古丁及香味物质,满足吸烟者的需求。由于采用的是低温烘烤而非直接燃烧,加热卷烟释放出的有害物质相较于传统卷烟更少,且在抽吸过程中不使用明火,也没有烟灰产生,因此更加清洁无污染。

　　第1章简要介绍了加热卷烟市场环境、技术背景、发展状态和未来迭代趋势。加热卷烟作为新兴产品,处于产品集成创新过程,创新将贯穿于烟草基因、种植、烟叶加工以及电子元器件、新型材料、智能制造等全产业链各个环节。

　　第2章主要介绍了国内外主流加热卷烟的结构段及其材料,由于其烟气的产生机理与传统卷烟明显不同,因此两者的烟支材料和烟支结构有较大区别,主流加热卷烟的结构设计主要是为匹配"低温烘烤"的方式,一般包括发烟段、隔离段、降温段、滤嘴段等。本章旨在方便读者对加热卷烟结构有更为广泛的认知,同时清晰地理解加热卷烟产品开发中加热原理与材料应用的关系。

　　第3章主要论述了加热卷烟典型的生产工艺,除了与传统卷烟工艺设计和制备生产相似的部分,更多地展示了加热卷烟有别于传统卷烟的内容,依托烟支结构分别介绍了适配于加热卷烟的制丝工艺、过滤段的制备工艺及半成品的生产工艺技术,还简单介绍了具有代表性的无序和有序加热卷烟产品,旨在进一步阐述加热卷烟的生产工艺与烟支结构的关系。

　　第4章介绍了加热卷烟过程质量检验的三个方面:加热卷烟原辅料质量检验、加热卷烟制丝过程质量检验以及加热卷烟卷制与包装质量检验。由于加热卷烟的抽吸方式和烟支结构与传统卷烟不同,因此加热卷烟采用了许多特殊原辅料,与传统卷烟差异较大,但在制丝过程、卷制与包装质量检验方面差异较小。因此本章重点聚焦在具有加热卷烟特色的抽样检验上。

　　第5章分析了引发加热卷烟质变的主要因素,简单介绍了贮藏、运输和养护的技术和要求。

　　本书在编写过程中参考了国内外相关领域大量的网络信息、调研报告、论文著作等,在此谨向原作者表示感谢。由于时间仓促及编者水平有限,本书难免存在不当之处,恳请读者给予批评指正。

目　　录

第1章　加热卷烟的起源与演变 ……………………………………………………… 1

　　1.1　烟草的起源 …………………………………………………………………… 1

　　1.2　烟草制品的演变 ……………………………………………………………… 2

　　1.3　加热卷烟的兴起 ……………………………………………………………… 5

　　1.4　加热卷烟的发展趋势 ………………………………………………………… 11

第2章　加热卷烟材料 ………………………………………………………………… 18

　　2.1　引言 …………………………………………………………………………… 18

　　2.2　加热卷烟发烟材料——再造烟叶 …………………………………………… 19

　　2.3　滤嘴 …………………………………………………………………………… 32

　　2.4　降温段 ………………………………………………………………………… 39

　　2.5　隔离段 ………………………………………………………………………… 48

第3章　加热卷烟成型工艺 …………………………………………………………… 54

　　3.1　工艺设计 ……………………………………………………………………… 54

　　3.2　加热卷烟结构与工艺 ………………………………………………………… 56

　　3.3　加热卷烟关键共性工艺技术 ………………………………………………… 57

　　3.4　加热卷烟制丝工艺及过程质量控制 ………………………………………… 71

　　3.5　加热卷烟代表性产品及工艺 ………………………………………………… 77

第4章　加热卷烟质量检验 …………………………………………………………… 88

　　4.1　加热卷烟过程质量检验 ……………………………………………………… 88

　　4.2　加热卷烟成品质量检验 ……………………………………………………… 90

第5章　加热卷烟的贮藏与养护 ……………………………………………………… 100

　　5.1　引言 …………………………………………………………………………… 100

　　5.2　加热卷烟产品的质量变异现象 ……………………………………………… 101

　　5.3　引起加热卷烟产品质量变异的因素 ………………………………………… 102

　　5.4　加热卷烟产品的贮藏 ………………………………………………………… 106

　　5.5　加热卷烟产品对环境的基本要求 …………………………………………… 110

　　5.6　加热卷烟产品的养护 ………………………………………………………… 111

第1章 加热卷烟的起源与演变

1.1 烟草的起源

烟叶种植和烟草制品使用的历史十分悠久。研究人员最新发现,大约在 12300 年前,北美的狩猎采集者已经开始使用烟草。烟草燃烧所产生的特殊香气,在当时颇有吸引力。

1492 年 10 月 12 日,Christopher Columbus 抵达西印度群岛的圣隆尔瓦多海滩时,土著人拿出了水果、木矛以及散发着一种独特香气的"干叶片"。至此之后,烟草便在各个国家和地区传播开来,从加拿大北部到巴西边境地区都开始种植烟草,烟草以雪茄、卷烟、鼻烟和斗烟的形式被人类广泛使用。

1531 年,西班牙人从墨西哥获得烟草种子,开始在海地种植烟草,后逐步扩大到附近其他岛屿。1580 年,古巴开始种植烟草,并迅速扩展到圭亚那和巴西,之后,烟草很快传到欧洲、亚洲和非洲。1556 年之后,烟草传入法国、英国、葡萄牙和西班牙。到 17 世纪中叶,吸食烟草的风气越来越盛,欧洲各国开始大量种植烟草。由于烟草的生长适应性很强,很快便传到世界各地。现在,烟草的种植已经遍及全世界近百个国家。1831 年,美国的 Davis G. Tuck 取得了"用火管或火炉干燥烟叶技术"的专利。1839 年,美国北卡罗来纳州卡斯韦尔县斯拉德农场的一个青年工人 Stephen Slade 发现烟草经过木炭烘烤后,能获得比平常更黄的烟叶,虽然这种橙色烟叶的售价高于平常的晒烟价格,但是烘烤过的烟草仍在当地颇受欢迎。自此以后,"烤"烟便在各个国家和地区流行开来。

我国种植烟草大约始于 16 世纪中期。明朝万历年间,意大利传教士 Matteo Ricci 将烟草作为土特产献给中国皇帝,并向皇帝展示了烟草嗅吸方式,鼻烟从此传入中国。明代名医张介宾在《景岳全书》中记载:"此物自古未闻也,近自我明万历时始出于闽广之间,自后吴楚间皆种植之矣。"清朝同治八年,赵之谦所著的《勇庐闲诘》中有记载:"鼻烟来自大西洋意大利亚国,明万历九年,利玛窦汛海入广东,旋至京师献万物,始通中国。"

大约在 1900 年,我国台湾地区开始种植适宜制作烤烟的烟草。1913 年,在山东潍坊市成功种植此类烟草,此后相继在河南、辽宁、云南、贵州等省试种成功,这些省份现已成为我国主要的产烟区。新中国成立后，烟草种植面积逐年扩大，已遍及全国各个省份。

从 18 世纪中叶至今，烟草加工工艺日益成熟，烟草制品的形态从嚼烟、鼻烟、手工卷烟、旱烟、水烟发展到目前的机制卷烟。1878 年，世界上第一台卷烟机在法国博览会上亮相，其卷制原理是先将卷烟纸制成空心圆管，再用烟丝填充。虽然首批卷烟机每分钟仅能生产 25 支卷烟，生产效率极低，但开启了机器生产卷烟的时代。随着机械工业的发展，卷烟机不断得到改进和创新。1881 年，美国人 Bonsack 研制出生产速度为 250 支/分的卷烟机，并获得了相关专利，从此卷烟工艺逐渐兴起，欧美国家的卷烟开始走向世界。到 1920 年，卷烟消费量已经位列各类烟草制品之首。

1899 年，旅居宜昌的广东商人在宜昌集资创办了我国第一家民族资本雪茄烟厂——茂大卷叶烟制造所，该厂主要从事雪茄烟的生产。1890 年，10 支装的品海牌卷烟开始在我国销售。1902 年，美国烟草公司、美商英尔坎迪勒烟草公司分别在上海和香港建立卷烟厂，同年俄国老巴夺烟草公司在哈尔滨建立卷烟厂，至此，拉开了中国卷烟工业兴起与发展的序幕。南洋兄弟烟草公司是我国烟草工业发展史上最有影响力的公司，该公司先后在上海、武汉和广州建立卷烟厂，并且先后在河南和山东建立烟叶复烤厂，其卷烟产品远销海内外。

抗战胜利以后，国内出现了众多卷烟生产厂家，仅上海就有大小卷烟厂 160 多家。中华人民共和国成立以后，我国政府对民族烟厂进行了所有制改造，对一些生产能力不足的烟厂进行合并和整顿。1956 年，全国私营烟厂实行公私合营。1963 年，中国烟草工业公司成立，开始集中管理烟叶原料和工业生产，通过调整合并，全国共有 54 家卷烟工业企业。1968 年，我国撤销了中国烟草工业公司，卷烟工业企业划归地方领导管理。1982 年，中国烟草总公司成立，对全行业的人、财、物、产、供、销和内外贸实行统一管理。1983 年 9 月 23 日，国务院发布《烟草专卖条例》，正式确定国家烟草专卖制度。1984 年 1 月，国家烟草专卖局（下文简称国家局）成立，与中国烟草总公司合署办公，即"一套机构、两块牌子"。国家局成立后，迅速建立各级专卖机构，形成上下成线、左右成网的全国专卖体系。

1.2　烟草制品的演变

从直接用嘴咀嚼青烟叶，到把烟叶晒干或烤干后点燃吸食或嗅吸，再到将烟叶制成鼻烟或嚼烟直接吸食或用烟斗燃吸，烟草的使用方式经历了较长时间的演变过程。中国烟民最早吸食烟草是仿照南美土著人的方法，即把烟草放进瓦盆中点燃，然后将打通关节的竹管插入盆中吸食烟气。1800 年左右，雪茄烟在全球范围内开始出现。1808 至 1814 年，在伊利比亚半岛战争期间，英国开始流行抽吸雪茄烟。19 世纪中叶，以生产雪茄烟为主的烟草工业不断壮大。到拿破仑时代，抽吸雪茄烟已然风靡整个欧洲。然而在 1799 年，世界各地已经开始出现用纸包烟丝的卷烟。

烟草制品总体上可分为两大类:燃吸类和非燃吸类。根据烟草制品的烟质、形态、风格和吸食习惯等的不同,可将其分为卷烟、雪茄烟、鼻烟、嚼烟、斗烟、水烟等。目前,全球消费量最大的烟草制品是卷烟(占烟叶总消耗量的 90% 左右),其次是雪茄烟、各类嚼烟、鼻烟等。

烟草在中国盛行之初,本无烟嘴之说,当时吸食烟草的工具只是在盛放烟草的器具前加一根中空的木杆。紧接着,铜质中空的烟嘴开始在普通老百姓中流行开来,因为其价格便宜,并且用它吸食烟草更加舒服。之后,又根据使用者身份的不同而制作了象牙烟嘴、金银烟嘴和玉石镶嵌烟嘴等,而普通老百姓大多还是用铜质烟嘴。明代,欧洲传教士将珐琅鼻烟壶带到了中国,从此鼻烟壶开始在中国流行起来,到清朝达到鼎盛。1897年(光绪二十三年),第一支香(卷)烟出现在上海,该香烟是美国人菲利克携带来华零售的,品牌有"品海""老车"两种,售价每支 3 文。至此之后,各种烟具逐渐变得小众化。

当前,中国是全球卷烟消费的第一大国,卷烟消费量约占全球消费量的 40%。2021年 5 月 26 日,国家卫健委和世卫组织驻华代表处共同发布《中国吸烟危害健康报告2020》,报告显示,我国吸烟人数超过 3 亿。目前全球烟民数量超过 13 亿,中国占比达23%,除中国外,东南亚、欧洲和美洲也是吸烟大户,吸烟人数分别有 2.4 亿、2.1 亿和 1.3 亿。在卷烟高速发展的 30 余年间,吸烟有害健康的话题成为大众关注的焦点,卷烟烟气中的焦油被认为是最主要的有害物质。焦油是卷烟烟丝中的有机物在缺氧条件下不完全燃烧产生的由多种烃类及烃的氧化物、硫化物和氮化物等组成的复杂化合物。由于焦油是烟草中主要的对人体有害的物质,因此降低卷烟中的焦油含量是减少吸烟危害的一种可行性方法。2000 年,国家局首次对卷烟盒标焦油含量进行了明确限定,规定从 2001 年起盒标焦油量高于 17 毫克/支的卷烟不得进入全国烟草交易中心进行交易。2003 年,世界卫生组织发起的全球性公约《烟草控制框架公约》通过审议,我国也于同年正式签署该条约。面对居高不下的吸烟人数,卷烟减害降焦技术是当时"卷烟上水平"的研究前沿,成为中国烟草科技发展的重要课题。同年,《中国卷烟科技发展纲要》明确提出了"高香气、低焦油、低危害"的中式卷烟发展方向;2005 年,减害降焦被列入行业四大战略性课题;2006 年,《烟草行业中长期科技发展规划纲要(2006—2020 年)》将减害降焦确定为行业科技创新的 8 个重点领域之一;2008 年,国家局出台《关于进一步推进卷烟减害降焦工作的意见》等一系列政策措施,彰显了行业对减害降焦工作的态度和决心。全国的卷烟焦油量从有记录起的 1983 年的 27.3 毫克/支,到 2001 年的 15.3 毫克/支,再到 2004 年的 13.6 毫克/支,最后到 2009 年的 12.2 毫克/支,一路走低。2010 年 3 月16 日,国家局下发《关于调整卷烟盒标焦油最高限量的通知》,要求"自 2011 年 1 月 1 日起生产的盒标焦油量在 12 毫克/支以上的卷烟产品不得在境内市场销售",此规定同样适用于进口卷烟产品。这是自 2008 年国家局要求盒标焦油量在 13 毫克/支以上的卷烟产品不得生产、进口与销售之后,再一次降低卷烟盒标焦油最高限量。

即使卷烟焦油含量降得再低,也无法抵消控烟行动对卷烟销量的影响。许多国家公共场所禁烟力度的不断加大,成为传统卷烟用户的痛点,与此同时,戒烟人群在寻求烟草替代品,因此新型烟草制品市场被烟草行业视为未来的增长点。20 世纪 70 年代,跨国烟草公司已开始新型烟草制品的前期准备工作,投入大量资金用于市场调研、产品研发和广告宣传。随着低温卷烟、无烟气烟草制品、电子烟等新型烟草制品快速兴起,菲莫国际、英美烟草、日本烟草等跨国烟草公司也积极推进新型烟草制品的研发和推广工作。

新型烟草制品与传统卷烟有着显著的差异,根据其使用形式大体可以分为无烟气和有烟气两类。新型烟草制品有着共同的特征:一是不需燃烧,二是基本无焦油,三是向人体提供一定的尼古丁。无烟气烟草制品通过口含、吸吮和咀嚼等方式向消费者提供尼古丁,主要包括口含烟、鼻烟、嚼烟等。有烟气烟草制品是相对于无烟气烟草制品所提出的新型烟草制品。消费者吸食传统卷烟是一个通过视觉、嗅觉和触觉等感官获得综合体验的过程,除了获取尼古丁外,还会通过视觉感受到"烟雾",通过嗅觉感受到"香气",通过触觉感受到"烟支形状"。由于无烟气烟草制品无法满足消费者"吞云吐雾"的欲望,为了尽可能延续传统卷烟的抽吸感受,同时降低烟草的危害性,人们开始研发有烟气新型烟草制品。有烟气烟草制品从技术原理上可以分为电子烟和加热卷烟。这两类制品通常会被国内消费者混淆,主要原因是国内新型烟草制品起步较晚,电子烟的市场化速度较快,且目前市面暂无在销的加热卷烟;另外,电子烟与加热卷烟有共同之处——都需要雾化装置。

电子烟是通过电子加热和雾化等方式向人体传送烟碱的电子传送系统。1963 年,美国宾夕法尼亚工人 Herbert A. Gilbert 发明了一种"无烟气的非烟草香烟",该装置"用加热的、潮湿的和有香味的气体代替烟草和纸张燃烧后的烟气",通过该装置可以产生不含尼古丁并带有香味的蒸汽。1965 年,Gilbert 的发明专利获得正式批准,但是没有一家公司愿意将他的发明转化为可以大规模生产的产品,此后,Gilbert 的发明逐渐从公众舆论中淡化。电子烟的概念源自西方,但其量产和销售最早由中国实现。2003 年,一位名叫韩力的中国药剂师为戒掉烟瘾而发明了现代的电子烟,并在中国、美国和欧盟取得了电子烟专利,成了名副其实的电子烟发明人和专利持有人。韩力创办的如烟牌电子烟在中国上市的第一年就销量破亿。2013 年,总部位于英国的帝国烟草(Imperial Brands)的阿姆斯特丹子公司(Fontem Ventures)收购了叁龙国际有限公司(Dragonite International Ltd.)旗下的电子烟相关业务和专利。

近年来,全球范围内烟民数量不断减少,吸烟率持续下降。2000 年,全球(包含中国)15 岁以上使用烟草产品人数约为 14 亿,使用率约为 33.3%,2018 年使用人数下降至 13.5 亿,使用率下降至 23.6%。然而,电子烟行业规模总体呈现上升趋势,并且日益风靡全球。2013 年中国电子烟市场规模为 5.5 亿元。2021 年,电子烟国内市场规模(零售)达到了 197 亿元人民币,同比增长 36%;全球电子烟市场规模(零售)达 800 亿美元,同比增长 120%,三年复合增长率为 35%。2021 年中国电子烟出口总额达到 1383 亿元人民币,同比增长 180%。其中,出口最多的国家是美国,占比超过一半,其次为欧盟和俄罗斯。全球 95％的电子烟产品都来自中国，深圳宝安区已经成为全球最大的电子烟生产基地，被称为"全球雾谷"。2020 年底，全球电子雾化烟专利数共有 28642 件，其中我国 25006 件，占 87.3％，电子烟的发展势头可见一斑。2022 年 3 月 11 日，国家烟草专卖局发布 2022 年第 1 号公告，《电子烟管理办法》正式出台。

　　加热卷烟是目前新型烟草制品中最接近传统卷烟抽吸体验的一类产品。它主要通过特殊的加热源对烟丝进行加热，加热时，烟丝中的烟碱及香味物质挥发产生烟气，可以满足吸烟者的需求，具有"加热烟丝或烟草提取物而非燃烧"的特点。加热卷烟按热源类型，可以分为电加热、碳加热、红外加热和电磁加热等；按加热方式，可分为中心加热、外围加热以及"中心＋外围"加热的形式；按烟草形态，可分为有序结构加热卷烟、无序结构加热卷烟、颗粒型加热卷烟等。

1.3　加热卷烟的兴起

　　1996 年，菲莫国际研制出第一代电加热卷烟 Accord，到 2006 年，又在 Accord 的基础上开发出第二代电加热低温卷烟 Heatbar。这两代电加热卷烟产品分别在美国、瑞士和澳大利亚进行销售，然而业界对它们的评价并不高。2012 年，菲莫国际研制出新一代加热卷烟产品，包括 EHP（电加热）卷烟产品、CHP（碳加热）卷烟产品和 CRP（化学加热）卷烟产品。其中 EHP 卷烟产品是在 Heatbar 的基础上开发出的第三代电加热低温卷烟。当时，菲莫国际（PMI）提出"无烟"战略，希望创造一个"无烟未来"，并且公开宣布将从传统烟草公司转变为聚焦"低风险产品"的公司，宣称将用新型烟草制品替代传统卷烟。自 2008 年至今，菲莫国际在新型烟草制品领域累计投入研发资金超过 90 亿美元，组建了专门的研发团队。2014 年，菲莫国际推出第四代电加热卷烟产品——万宝路加热卷烟（Marlboro HeatSticks）和电加热器（IQOS），并且在意大利米兰和日本名古屋首次上市。2015 年 9 月起，Marlboro HeatSticks 和 IQOS 分别在日本、瑞士、葡萄牙、罗马尼亚、俄罗斯等国家得到推广。

　　2018 年以来，菲莫国际以 IQOS 作为主品牌，相继推出电加热卷烟升级产品 IQOS 3、IQOS 3 Multi 和 IQOS MESH 等多款新产品，并在意大利、德国、日本和韩国等国家布局建设 7 家加热卷烟生产工厂。菲莫国际于 2016 年年底向美国 FDA 递交了 IQOS 减害产品申报，并于 2019 年 5 月获批可以以"预售烟草许可（PMTA）"形式在美国进行销售。2020 年 7 月 7 日，美国食品药品监督管理局（FDA）授权许可菲莫国际公司（PMI）的加热烟草系统 IQOS 作为改良风险烟草产品（MRTP）进行销售。IQOS 是目前第一个且唯一一个通过 FDA 改良风险烟草产品认证，并且获得批准可以以 MRTP 形式进行销售的加热卷烟产品。据 PMI 2020 年度财报显示，截至 2020 年底，IQOS 用户总数约为 1760 万，其中大约 1270 万人已完全改用加热卷烟，放弃传统卷烟；2020 年度加热卷烟出货量为 761 亿支，比 2019 年增长了 27.6％，占 2020 年度 PMI 总出货量的 10.8％。2021 年 8 月，菲莫国际在日本推出两款 ILUMA 设备和一系列 TEREA 烟弹，11 月在瑞士推出"IQOS ILUMA ONE"一体机，这填补了 ILUMA 系列缺少一体机的空白。

雷诺美国公司也是加热卷烟研发的先行者,其 1988 年研发的 Premier 和 1995 年研发的 Eclipse 是碳加热卷烟代表性产品。2003 至 2007 年,雷诺美国曾在美国推出加热卷烟产品 Eclipse,后于因反响不佳而退出市场。2015 年 2 月,该公司在美国威斯康星州试销加热卷烟 Revo,但 7 月 28 日暂停二次试销计划。雷诺并购罗瑞拉德后,在减害烟草制品方面,其主打产品是电子烟品牌 Vuse。

英美烟草(BAT)提出"下一代产品领导者"战略,目标是"改变烟草"。英美烟草虽紧随菲莫国际的步伐,但其不认为新型烟草制品将取代传统卷烟,而是将新型烟草制品看作未来烟草市场的重要组成部分之一。英美烟草已投入超过 25 亿美元用于"下一代产品"的研发,同步推进加热卷烟和电子烟,主要包括:①加热卷烟产品 glo,被称为最接近卷烟的烟草制品,2016 年在日本上市。②混合型烟草产品 iFuse,是一种电子烟装置,里面有特别设计的小管,可装烟丝和烟油,并且能释放出烟草的味道。这个小管主要由三部分组成:加热装置、烟液管和装烟丝的空腔。加热部件对烟液进行雾化形成蒸汽,接着与加热烟丝产生的烟气结合,从而释放出带有烟草味道的气体。通过与不同类型的烟草进行组合,该装置能产生一系列不同的烟草味道。iFuse 是市场上第一个既装有烟丝,又装有烟液的产品,于 2015 年在罗马尼亚上市。③封闭式电子烟 Vype,是英美烟草电子烟主打品牌,2016 年成为美国市场以外占有率最高的品牌;该装置属于开放式电子烟,即可添加烟油重复使用的电子烟产品。④尼古丁产品 Voke,是第一款获批作为药品销售的新型烟草制品。BAT 已在俄罗斯、韩国、罗马尼亚等国家布局建设 4 家加热卷烟 glo 的生产工厂,并陆续收购了 CN Creative、Ten Motives、CHIC 等电子烟企业。2017 年 8 月,英美烟草斥资近 500 亿美元完成了对雷诺美国烟草公司的收购,进而获得了雷诺公司旗下的电子烟和碳加热卷烟品牌及专利。

日本烟草国际(JTI)的 Ploom Tech 也是较早推出的加热卷烟产品之一。Ploom 于 2011 年被日本烟草收购,产品经改良后成为 Ploom Tech,通过加热含尼古丁的液体产生气雾,气雾经过含烟草的胶囊以供吸入。Ploom Tech 于 2016 年 3 月在日本上市,6 月扩展到东京,2018 年上半年扩展到日本全国。2021 年,JTI 减害产品板块共实现收入 598 亿日元(约 5.17 亿美元),同比增长 7.2%,主要受加热卷烟产品销量增长推动;加热卷烟烟弹销量为 46 亿支,同比增长 17.9%,于日本减害产品板块的市场占有率为 10.3%。2021 年,Ploom X 成功推出,目标是在 2027 年实现占主要加热卷烟产品市场 15% 的份额。韩国烟草推出的电加热烟草产品分别为"lil plus"和"lil mini"。韩国烟草(KT&G)进入新型烟草制品市场最晚,总体上处于被动应对状态,但发展势头迅猛,于 2017 年 10 月在韩国首尔推出了加热卷烟 lil 及配套烟支 Fiit。在韩国市场,lil 发展迅速,紧跟菲莫国际 IQOS,已经超越英美烟草 glo。2020 年,韩国烟草推出的 lil SOLID 和烟弹 Fiit 先后在俄罗斯、乌克兰上市。2021 年,新品 lil HYBRID 兼容雾化烟弹和卷烟烟弹,宣称烟雾量比 IQOS 烟弹加热产生的烟雾量要大。

帝国烟草作为最后一家进入加热不燃烧(HHB)烟草领域的大型烟草制造商,其代表性加热卷烟产品 Pulze 和配套的烟弹 iD,于 2019 年 5 月在日本的福冈地区尝试销售。

各大烟草公司加热卷烟品牌及特色如表 1-1 所示。

表 1-1　各大烟草公司加热卷烟品牌特色

加热卷烟品牌	生产商	上市时间	上市地点	产品特色
PAX	PAX Labs	2012	美国	散装烟草和大麻气化装置,可以装填散装烟草并通过电加热装置进行加热,包含多个用于测量温度的传感器和检测运动情况的加速度传感器,其烟嘴能感知接触情况,并发送信号给加热器。加热装置中的传感器能实时反馈和感知吸烟量,并对其进行调节。处理器能以 30 次/秒的频率监测加热温度,确保内部恒温
IQOS (THS2.2)	PMI	2014	日本、意大利和瑞士	IQOS 包括一个加热器、一个充电器和烟弹,在加热器中插入烟草棒(约 320 mg),通过电加热片对插入的烟草棒进行加热。工作时的加热温度小于 350 ℃。一次使用可以持续 6 min 或最多抽吸 14 口。在 ISO 抽吸模式下,通过 THS2.2 抽吸 12 口将产生 0.5 mg 烟碱和 4.9 mg 丙三醇
iFuse	BAT	2015	罗马尼亚	iFuse 包括一个带有可充电锂离子电池的电子蒸汽设备和一个集成电路电源控制器,控制器连接着雾化器(Neopod)。一次性 Neopod 包括一个雾化装置、一个装有 1.15 mL 无香味尼古丁液体的储液罐和一个装有 130 mg 烟叶的腔室。iFuse 将电子烟技术与烟叶相结合,当使用者按下加热按钮时,会产生含尼古丁的蒸汽,其经过烟叶/烟丝时会吸收烟草的风味。在到达烟叶前,气溶胶的平均最高温度小于 35 ℃
glo (THP1.0)	BAT	2016	日本	glo 包括一个带有可充电锂离子电池的电子装置、一个加热器和烟弹、一支烟草棒(约 260 mg),通过外围加热装置进行加热。工作时的加热温度小于 250 ℃;达到工作温度需 30～40 s,并持续 3 min

加热卷烟品牌	生产商	上市时间	上市地点	产品特色
Ploom Tech/PNTV	JTI	2016	日本	烟草蒸汽产生装置包括一个电源设备,一个带有加热器、液体及烟草混合物胶囊的雾化器;通过加热不含香料的液体产生不含尼古丁的蒸汽,蒸汽通过胶囊时吸收里面的香料和尼古丁。在 HCI 抽吸模式下,抽吸 50 次可产生 110 mg 烟碱
TEPS	PMI	2017	多米尼加	使用压缩炭做热源,从烟叶中萃取烟草味道和尼古丁,加热后产生含有尼古丁的气相物
lil	KT&G	2017	韩国	采用针式加热的加热不燃烧电子烟,温度最高可达 330 ℃。一体机结构,不用频繁充电,可以连抽,充满电可支持抽一盒烟弹(25 支烟);改进设计了活动的烟道槽,容易清理残渣。lil PLUS+采用了双核圆形加热柱,受热面积扩大,加热更加均匀;并在加热棒上引入白色涂层,方便清洁残留物
Pulze	帝国烟草	2019	日本	具有高温和低温两种模式,充电一次可以支持抽吸 20 支加热棒

中国关于新型烟草制品的研发起步较晚。2015 年 6 月,国家烟草专卖局以上海烟草集团为依托成立了上海新型烟草制品研究院;2015 年 12 月,国家局在山东中烟成立了行业新型烟草制品装备工程研究中心;2015 年 8 月,湖北中烟成立了新一代烟草制品研究所。与此同时,各省级中烟工业公司也在不断加强加热卷烟的技术研发。2016 年,在全国烟草科技创新大会上,国家局党组确立打造新型烟草制品国际竞争新优势的战略任务。2019 年,《关于建设现代化烟草经济体系推动烟草行业高质量发展实施意见》中进一步提出,要培育具有国际竞争力的产品和品牌,明确要求加大国际市场布局、生产布局、研发布局和产品布局的行业统筹。2020 年,全国烟草工作会进一步要求加强新型烟草制品的研发创新,行业半年工作会提出做好新型烟草制品战略储备。最近两年,行业在加热卷烟研发创新上,着力贯彻落实国家局的决策部署,加大技术统筹力度,形成行业统一的产品技术平台,完善创新体系,持续升级技术、产品和装备全产业链创新格局,最终实现了从跟随性研发向创新性研发的转变。产品创新,专利先行。据初步统计,烟草

领域中国专利申请 8.3 万件,其中发明专利 4.3 万件(授权 1.1 万件),实用新型 3.9 万件。新型烟草领域中国专利申请 4.2 万余件,其中电子烟约 2.1 万件,加热卷烟约 2 万件,嚼烟 700 余件,湿鼻烟/口含烟 1000 余件。新型烟草的中国专利申请量已占烟草总体申请量的一半以上,并且 90% 为企业申请,发生专利纠纷的可能性大。国内传统烟草企业面临国际烟草巨头和国内非传统烟草企业的双向夹击。专利申请量排名前十位的申请人包括中国烟草总公司旗下的分公司和研究院等五家机构,还包括国际烟草巨头菲利普莫里斯公司。其他烟草巨头如英美烟草、日本烟草、雷诺兹烟草等也都积极在华部署专利。排名前列的国内申请人还包括深圳合元科技、常州派腾电子、深圳麦克韦尔、深圳吉迩科技等非传统烟草企业。参考技术稳定性、技术先进性和保护范围等因素考虑,这些非传统烟草企业虽然专利申请数量相对较少,但专利质量相对较高,专利布局范围较广,对整体结构改进、提高口感和转化率以及烟液组成等均有所涉及,并且具有较高的 PCT 国际申请和海外专利布局的积极性。

在加热卷烟产品方面,2017 年 12 月,四川中烟在韩国推出了"宽窄·功夫"系列产品;2018 年 7 月,广东中烟在老挝推出了 MU＋和 ING 系列产品;2018 年 10 月,湖北中烟在韩国推出了烟具 MOK 和烟弹 COO。目前针对菲莫国际的 IQOS、英美烟草的 glo 和韩国烟草的 lil 等国际主流产品,中国烟草企业研发加热卷烟和电子烟等新型烟草制品近百款,从早期的跟随性研发过渡到创新性研发,逐步形成了产品特色。2018 年,国内加热卷烟烟支生产能力约 8 万箱/年。湖北中烟、云南中烟、湖南中烟、广东中烟、四川中烟和上海新型烟草制品研究院等"行业第一方阵"企业,加快探索新型烟草制品专业化和实体化运营模式,在国际市场上积极开拓产业化和品牌化发展路径。根据中烟国际的数据,行业自 2017 年在国际市场试销加热卷烟,截至 2020 年 8 月份,已累计出口至 23 个国家,销量达 2.1 万件。2017 年、2018 年和 2019 年销量分别为 64 件、6270 件和 10878 件,实现了较快增长。2020 年 1 至 8 月份,受全球疫情影响,国际销量有所下滑,行业产品销售约 4000 件。2020 年行业产品销售总共约 33000 件。

目前国内加热卷烟重点企业及品牌如下。

1)湖北中烟

湖北中烟加热卷烟品牌为烟具"MOK"和烟弹"COO"。湖北中烟针对目前烟草行业形势,采取对标国际一流、高起点和大手笔的方式进行运作,并成立专业化的新型烟草制品工程中心,该中心主要负责加热卷烟技术研究和产品开发。为开拓国际市场,湖北中烟提出涵盖公司战略、体制机制、市场渠道、品牌培育和法务保障等的"一揽子"布局。在国际市场,湖北中烟坚持"同台竞技,落地销售",自主建设"旗舰店＋零售店"销售网络,已形成 60 余人的本地化销售团队,已开发近万家可控零售终端,在国际市场累计投入超 1 亿人民币。"MOK"加热设备在针式加热、按压取烟和降温段等关键技术上取得了重要突破,获得相关专利 159 项,具有完全自主知识产权。MOK 产品已在韩国、菲律宾、英国和澳大利亚市场试销成功。

2）云南中烟

云南中烟是国际试销较早、销量规模最大和品牌规格最多的企业。云南中烟以新型烟草制品研究所为主体对加热卷烟进行研究,产品开发和成果孵化以设在深圳的全资子公司华玉科技为主。云南中烟借助传统卷烟在国际市场的销售优势,整体推进加热卷烟销售渠道拓展、产品研发、生产保障和法务保障等工作。2018 年 4 月,云南烟草国际有限公司与韩国 IF 烟草株式会社在昆明签署"MC"品牌加热卷烟经销协议,标志着云南中烟首批加热卷烟试销产品正式进入韩国市场。云南中烟加热卷烟品牌为 MC 和 Ashima Lulu,配套烟具有 Webacco、MC 和 VIPN。Webacco 采用分体式结构配合嵌入式磁吸技术,可边充电边抽吸,充满电时可一次性抽吸 20 根烟弹,1 根烟弹可以抽 5 min 以上或者 14 口。可燃可烤的 VIPN 烟具为 360 度环抱加热,采用不对称加热设计,具有燃烧充分且易清理的特点,运用了直接拔插、连续抽吸和过热安全保护等技术。Ashima Lulu 为可燃可烤烟弹,是传统卷烟和新型烟草的有机结合体,能够做到一烟两用。MC、阿诗玛和 Win 3 个品牌,已在 14 个国家销售超过 1 万件。

3）广东中烟

广东中烟产品研发由技术中心新型烟草研究所牵头,整合技术中心调香、工艺和材料等研究平台予以系统配套。国际市场拓展采取"生产在外、销售在外"的方式推进。广东中烟以全资子公司澳门金叶公司作为境外销售实体,以柬埔寨威尼顿公司作为未来境外生产实体,使用澳门金叶公司在境外注册的品牌,推进销售、生产和品牌培育的境外实体化运作。2018 年,广东中烟工业有限责任公司金叶卷烟厂(澳门)有限公司首批加热卷烟 MU+和 ING 在老挝上市,标志着广东中烟新型烟草制品正式亮相境外市场。广东中烟也是行业内第三家推出加热卷烟的企业。MU+和 ING 是广东中烟经过近 5 年时间的技术储备和持续研发,成功上市的首套产品。该产品采用无序状配方的烟丝技术、调香技术和加工工艺技术,烟支采用自主研发设计材料和结构,以及配方烟丝发烟介质,解决了目前发烟介质原料来源单一的问题,突破了工业化量产中的设备瓶颈,提高了产品感官质量稳定性。

4）四川中烟

四川中烟是国际试销最早和销量规模较大的企业,已累计在 10 个国家试销加热卷烟 11895 件。四川中烟组建了非法人实体,专门负责加热卷烟的研发、生产和销售工作,形成了原料、烟具、材料和检测等多个研发平台。国际市场方面,四川中烟以免税、有税和自营 3 条路径拓展为抓手,主攻马来西亚和西班牙市场,已在马来西亚打通了网络销售渠道,并探索了与境外经销商共建品牌体验店的营销模式。2017 年,四川中烟与韩国 YM 公司签署加热卷烟出口合同,标志着四川中烟新型烟草制品正式销往国际市场,这也是中国第一款出口境外的加热卷烟。目前四川中烟在"走出去"的道路上继续前行,其加热卷烟产品已出口韩国、日本、俄罗斯、摩洛哥、乌克兰、新西兰、西班牙等国家和地区。四川中烟独创"2+2"双二元复合结构工艺技术体系,即发烟段与隔离段采用二元复合设备进行一次复合,降温段与醋纤段采用二元复合设备进行一次复合,两个复合棒经卷烟机搓接成一支加热卷烟,其有序结构发烟段采用改良干法薄片,无序结构发烟段采用稠浆法薄片、烟丝和梗丝掺配。采用"2+2"双二元复合结构工艺使得加热卷烟生产效率和产品合格率有效提升。目前已有 4 家中烟公司基于"2+2"双二元复合架构改造卷烟机。基于"2+2"双二元复合架构体系,四川中烟联合中国烟机公司合作开发了国内第一条加热卷烟专用生产线。

5)安徽中烟

安徽中烟自主研发了磁粒均热技术,其加热卷烟产品都宝(Dubliss)及配套烟具山之巅(Toop-zero)可实现非接触式能量的均匀、稳定递送,其受热体热能均匀分布,保障温度区间内的稳态加热,为国内首批颗粒型加热卷烟制品。

6)上海新型烟草研究院

上海新型烟草研究院(下文简称上海院)是产品综合质量领先的企业,在行业产品质量评价和评吸结果中,上海院产品多项指标排名第一。"十四五"期间,上海院计划在东南亚地区发展 2 个有税市场,在全球核心城市开拓 8 个免税市场。

1.4　加热卷烟的发展趋势

近年来,新型烟草制品呈现快速发展态势,主要有两个方面的原因:首先,许多国家传统烟草制品的消费人口比例在逐年下降。据统计,近十年来,英国、美国、加拿大、澳大利亚和日本等国家消费传统烟草制品的成年人口比例均下降了 5 至 10 个百分点。与此同时,这些国家的卷烟销量也在不断下降。正是因为连年卷烟消费人口比例的下降和卷烟市场的停滞,促使烟草公司不断加快新型烟草制品的研发推广步伐。其次,全世界的禁烟力度不断加大。截至目前,《世界卫生组织烟草控制框架公约》共有 182 个缔约方,覆盖全球 90% 以上的人口。为履行《烟草控制框架公约》特别是第 8 条关于"防止接触烟草烟雾"的规定,许多国家都制定和实施了严格的公共场所禁烟规定。在公共场所禁烟范围不断扩大的背景下,新型烟草制品由于能较好地适应公共场所禁烟令,又能在一定程度上满足烟草消费者的嗜好,其市场需求快速增加。但烟草控制的压力未来一段时间仍将存在。目前,新型烟草制品引起了各国政府和世界卫生组织等国际机构越来越多的关注,针对加热卷烟的监管和控制措施也越来越严格。美国 FDA、欧盟 TPD 和世界卫生组织等权威机构均倾向于按监管烟草制品的方式监管加热卷烟和电子烟。世界卫生组织明确建议各缔约方禁止或限制电子烟的制造、进口、分销、展示、销售和使用。可以预见,未来凡是适用于传统卷烟的烟草控制措施(如征收重税),基本都会运用到新型烟草制品上,而且可能针对新型烟草制品特点实施一些新的和更加严格的管控措施。

全球新型烟草制品发展迅猛,其市场规模、消费人群和产销能力正在快速扩张。新型烟草制品的技术内涵、产品特点和消费方式与传统卷烟存在很大的区别,因此,各大跨国公司在对新型烟草制品进行市场推广的过程中,均采取了不同于传统卷烟的品牌和营销策略。在国际市场上表现较为突出的加热卷烟产品主要有菲莫国际的 IQOS、英美烟草的 glo、日本烟草的 Ploom、韩国烟草的 lil,虽然这类产品的投放时间不长,市场总量还不大,但其对传统卷烟市场的分割效应正在显现。纵观全球加热卷烟市场份额,菲莫国际占比 79%,英美烟草占比 13%,日本烟草占比 5%,韩国烟草占比 3%,其他占比不足 1%,但是菲莫国际的垄断地位正在受到威胁,目前 KT&G 在韩国的渗透率已增加到 40%,JTI 在日本的渗透率有望在 2022 年增加到 15%,BAT 在欧洲多个地区(乌克兰、罗马尼亚、俄罗斯等)的渗透率突破了 20%。加热卷烟市场近年来增速迅猛,2020 年加热卷烟市场规模约 208 亿美元(对应渗透率 2.4%),预计到 2025 年,加热卷烟市场规模将达到 553 亿美元(对应渗透率 5.1%)。由于各国政策监管差异和地区特征,加热卷烟的各国市场特征也差异较大。美国:尚无加热卷烟专用法规,耗材税与烟草税相同或低于烟草税。欧洲:耗材税仅部分东欧国家(俄罗斯、乌克兰等)增加 5%～10%。欧盟:延迟统一最低税率。俄罗斯:开始对加热器具每年增税 4%。德国:按拟定计划,2022 年 1 月耗材税将与卷烟一致。日韩:耗材税逐渐趋同于烟草税(现约为卷烟税率的 80%),日本在 2021 年 10 月 1 日起开始第二轮加税,PMI、BAT 和 JTI 的烟支涨价幅度为 30 日元/包,韩国拟计划要求烟草公司提供加热烟草添加剂、排放物、成分等细节信息。东南亚:逐步规范监管空白(马来西亚将颁布新的新型烟草法案),耗材税趋同于烟草税,红利较大。

1. 菲莫国际以 IQOS 为核心品牌,构筑了减害烟草制品领域的四大平台

从 2014 年面世至今,IQOS 共发展了五个代际的产品:IQOS 经典款(2014-2016)、IQOS 2.4 Plus(2017)、IQOS 3 与 IQOS 3 Multi(2018)、IQOS 3 DUO(2019)以及 IQOS ILUMA(2022)。它们的外观与主要功能整体变化不大,主要是在充电速度、续航性能和细节设计上做出了优化与调整。当前官方主要销售的产品为 IQOS 2.4 Plus、IQOS 3、IQOS 3 Multi 和 IQOS 3 DUO。IQOS 3 代均采用 IQOS 智能核心电子技术,可实现用户定制,在便携性与续航性能上不断增强。2021 年,菲莫国际推出具有 Smart Core 功能的 IQOS ILUMA,包括以下三种型号:IQOS ILUMA PRIME 旗舰机型、IQOS ILUMA 标准型号和 IQOS 3 DUO 常规刀片类型。该系列产品在技术上有重大革新的主要有 IQOS ILUMA、IQOS ILUMA PRIME 以及 ILUMA ONE。IQOS 新一代产品的主要技术创新点集中于:①加热方式发生革命性改变,传统的刀片状/针式金属烟具由外向内加热烟弹的加热方式被淘汰,取而代之的是由烟具内置智能加热核心"Smart Core"+烟弹内置加热薄片的联合加热模式;②烟弹全面升级,新一代烟弹仅适配新一代 ILUMA 烟具,以往以适配 IQOS 烟弹为卖点的通配烟具将无法与新烟弹兼容;③IQOS ILUMA 可以连续完成两支烟弹的加热,即将第一支烟弹插入烟具,加热、抽吸完成后,可以立即放入第二支烟弹直接进行抽吸,使得加热一次可抽吸的时间延长至原先的两倍;④使用

体验优化,插入烟弹后,烟具会自动加热,无须用户再长按按钮进行操作,此外,在烟弹开始加热、加热完成及烟弹抽吸完成的几个重要时间点,都有清晰明确的震动提示;⑤直接从烟弹内部加热薄片,烟弹底部封口,解决了使用后的清洁问题;⑥充电仓上盖、充电仓翻盖及充电仓本身的颜色、纹路及材质,都有多种选项且不同选项间可以任意搭配,增加了产品本身的时尚性、把玩性。

IQOS 系列产品发展迅速,通过 PMTA 申请后有望从稳定期再转入高增长轨道。2015 年,IQOS 仅在全球 7 个国家和地区发展业务,2020 年,菲莫国际已将 IQOS 系列扩展至全球 64 个国家和地区,其中 33 个国家和地区为非经合组织成员,新兴市场开拓潜力巨大,菲莫国际计划在 2025 年将 IQOS 系列推向 100 个国家的市场。IQOS 全球用户数量也从 2016 年的 140 万人增长至 2021 年的 1900 万人,用户增速稳定在 7%,产品市场已接近成熟,但美国本土市场仍未打开,仍有一定潜力。使用过 IQOS 后放弃传统卷烟的烟民转化率稳定在 70% 以上。在全球,IQOS 线上线下专卖店超过 199 家,约有 3300 个授权专卖点,IQOS 销售人员约有 11000 个。在 2019 年,IQOS 网站的被访问次数达到了 4600 万次。在美国 FDA 的严格监管下,作为全球第一大新型烟草市场的美国,其 HNB 产品市场规模仍较小,但 2019 年 4 月 30 日,FDA 正式宣布 IQOS 通过 PMTA,允许 IQOS 相关产品,即万宝路烟弹、万宝路丝滑薄荷味烟弹和万宝路清新薄荷味烟弹在美国上市销售。自此 IQOS 成为第二款允许在美销售的 HNB 产品,依托奥驰亚集团的强大背景,市场潜力巨大。同时,菲莫国际与韩国烟草人参公社达成战略合作,进一步丰富了 IQOS 产品矩阵。2020 年 1 月,菲莫国际与韩国烟草人参公社(KT&G)签订了为期 3 年的协议,在俄罗斯、日本与乌克兰代销韩国烟草旗下的 lil 电子烟与配套 Fiit 烟弹,该产品暂无在美国市场推出的计划。lil 系列适配 PMI HTU 系列烟弹,这进一步提高了 PMI HTU 系列的市场渗透率。

2.英美烟草:世界第二大烟草公司,产品种类丰富

2011 年,英美烟草成立了致力于开发和商业化新型烟草制品的 Nicoventures 公司,随后通过收购,快速在电子烟领域布局。2012 年,英美烟草收购了 CN Creative 公司。该公司是一个生产尼古丁替代疗法产品和电子烟产品的英国制造商和供应商。通过 CN Creative 的开发研究,英美烟草于 2013 年推出电子烟产品——Vype,在 Vype 上市后,CN Creative 被纳入 Nicoventures 公司。2015 年,英美烟草继续收购了波兰公司 CHIC Group。CHIC Group 的产品在当时已占有波兰较大的市场份额,是进入东欧其他市场的潜在"枢纽",该收购帮助英美烟草进一步深入东欧市场。同年,英美烟草在罗马尼亚推出了第一款 HNB 产品——glo iFuse。2016 年 10 月,英美烟草计划以 470 亿美元收购雷诺美国剩余 57.8% 的股权,但被雷诺美国拒绝,原因是收购价格不合理。同年,英美烟草收购了英国 Ten Motives 电子烟公司,扩大了在英国的市场份额。2017 年 7 月,英美烟草以 494 亿美元收购了雷诺美国,将 Vuse 品牌列入自己的产品系列,该举

措是公司新型烟草业务迅速发展的关键节点。之后几年,英美烟草又收购了 VIP、Twisp 等电子烟公司。2019 年 10 月,英美烟草向 FDA 递交了烟草产品市场准入申请,包括超过 53 万页的科学数据和 8600 多个科学文件。英美烟草是最早上交 PMTA 申请材料的公司,并已在 2020 年 9 月 4 日完成了材料提交。2019 年 11 月,英美烟草计划将现有几类品牌整合成三大品牌,此举将简化消费者的体验,帮助消费者更好地了解公司业务。另外,英美烟草已推出了首款 CBD 雾化产品 Vuse CBD Zone,在新型烟草产品组合中首次提供了尼古丁以外的产品,预计未来市场会进一步扩大。

英美烟草在执行新型烟草替代传统卷烟的战略上有着坚定的信念。英美烟草在新型烟草领域的研发上投入了大量资金,仅 2020 年就超过了 3 亿英镑。公司还更换了 Logo,强调不可燃的尼古丁产品将成为英美烟草未来发展中重要的一环。原 Logo 上面的烟叶标识被去掉,加上了公司的口号"更好的明天"。公司的低风险产品主要包括两类:一类被称为"下一代产品(NGPs)",包括雾化电子烟和加热卷烟产品,另一类是口嚼烟草。2020 年,英美烟草 HNB 产品消费者数量达到 1350 万,同比增加 30%。其中,雾化烟消费者数量达到 670 万,加热卷烟消费者数量达 400 万。

英美烟草正在为其"新类别"产品组合打造三个全球品牌:蒸汽电子烟产品 Vuse、口服尼古丁产品 Velo 和加热卷烟产品 glo。三大品牌的整合将有利于新型烟草业务的发展。截至 2019 年年底,英美烟草的雾化电子烟产品已在 27 个国家销售,加热卷烟产品的销售市场有 17 个。雾化电子烟产品系列主要有 Vuse 和 Vype 两个品牌。整合后,Vype 将归入 Vuse 系列。美国和加拿大的雾化电子烟品牌以 Vuse 为主,而欧洲还是以 Vype 为主。2012 年,雷诺美国子公司 R. J. Reynolds Vapor Company 成立,开创了电子烟品牌 Vuse。2013 年,雷诺美国推出了 Vuse Solo 产品。2017 年 7 月,英美烟草收购了雷诺美国,并将 Vuse 纳入自己的品牌系列。

英美烟草的加热卷烟产品代表作是 glo。2016 年 12 月,英美烟草在日本仙台市推出 glo。2017 年,glo 进入瑞士、加拿大、韩国、俄罗斯和罗马尼亚市场。同年,英美烟草推出专为 glo 开发的 Kent Neostiks™ 烟草棒。这款烟草棒由英美烟草圣彼得堡工厂制造,该工厂是英美烟草最现代化的工厂之一,也是世界上第一个生产烟草棒产品的工厂。2018 年,英美烟草在韩国推出第二代烟草加热设备 glo。同年,glo 进入意大利市场。推出 glo 后,英美烟草公司还在都灵市中心开设了一家 glo 工作室,消费者可以在这里了解更多有关低风险烟草替代品的信息。2019 年 9 月,英美烟草在日本推出了两款新的加热卷烟产品 glo Pro 和 glo Nano。Glo Sens 是最具创造性的产品,采用创新的"味觉融合"技术,将雾化技术与真正的烟草相结合。运用特殊的分解方法,glo sens 将真正的烟草以颗粒形式储存在烟弹中。Neo 雾化舱包含烟油,电池驱动雾化器后加热烟油产生的蒸汽会通过烟弹输送,散发的蒸汽味道会比市场上的其他电子烟更接近烟草味。Glo Sens 在某种程度上是根据不燃烧的概念设计的,但它并不直接烤制烟草,而是在 240 ℃下加热烟草。由于电子烟中的尼古丁浓度受到限制,电子烟销量受阻,但 glo Sens 可以解决这个困境。该产品的优势还在于避开了 IQOS 的专利壁垒。新品 glo Hyper 于 2020 年 4 月份在日本成功推出,该产品也使用了感应加热技术,与 glo Pro 的区别在于它必须与新型 Neo demi-slim 系列配合使用。Neo 的超薄耗材比现有的 Neo 烟杆中的烟叶含量高 30%,因此提供了更浓郁的口感,同时加热面积也得到提高。2020 年,英美烟草的 HNB 产品收入较去年同期有所下滑,但是在 glo Hyper 的带动下,其 HNB 产品在日本的销量提升了 0.85%,占日本 HNB 产品总销量的 20%。

3. 日本烟草:海内外双品牌战略驱动新型烟草业务增长

日本烟草在减害产品领域主要有 Ploom 和 Logic 两大品牌。公司当前的新型烟草业务已经遍布全球 28 个国家和地区,主要由加热卷烟和电子雾化烟两部分组成,公司两大子品牌 Ploom 与 Logic 分别生产加热卷烟和电子雾化烟。截至目前,Ploom 共推出 3 款产品,Logic 共推出 5 款产品。

1)烟油式电子烟 Logic 系列

Logic 成立于 2010 年,并迅速成为纽约的第一大蒸汽式电子烟品牌。继在美国取得成功之后,Logic 迅速发展,目前在九个国家和地区有售,在美国、英国和法国均取得了良好的成绩。2014 年,Logic 被日本烟草收购,日本烟草将同年收购的电子烟 E-Lites 的制造商——英国的赞德拉公司(Zandra Company)也并入 Logic 旗下。目前 Logic 共有 Logic Compact、Logic Pro 和 Logic LQD 三款主要产品,其中 Logic Compact 与 Logic Pro 是封闭式电子烟,主打时尚轻便的卖点,而 Logic LQD 是开放式电子雾化装置,允许用户自行填充烟油,可用性更强。非主打系列 Logic Original 和 Logic Curve Power 则属于一次性雾化小烟。

2)HNB 电子烟 Ploom 系列

Ploom 为日本烟草自研产品,早期主要在日本地区推出。2011 年,日本烟草首次推出加热卷烟产品 Ploom 系列,Ploom 成为日本烟草第一款 HNB 电子烟。2013 年,Ploom 系列正式在日本市场推出,并成为日本市场上首款加热卷烟产品。2017 年,Tech 系列推向全球市场。2019 年,日本烟草正式推出两款加热卷烟产品,即 Ploom TECH 系列升级版——Ploom TECH＋和 Ploom S。相比传统卷烟,Ploom TECH 系列无烟且气味淡,但口感略次于传统卷烟。当前 Ploom 已经在日本拥有 11 家线下门店。Ploom 在日本市场取得成功后,日本烟草集团将其推向全球市场。2020 年 4 月,Ploom S 于莫斯科开始销售,并迅速扩展到其他城市,推出 9 个月后,Ploom S 成功在俄罗斯市场取得 2.6% 的市场份额。截至 2020 年 12 月 31 日,Ploom S 已销售超过 35 万台烟具、1.6 亿根烟弹,且复购率良好。

4. 韩国 KT&G 公司:研发技术强,海外扩张进程加快

2018 年 11 月,KT&G 推出了"lil Hybrid",这是第一款通过加热液体烟草来工作的

HNB设备,该设备结合了雾化器和加热不燃烧两种技术。该产品参考了消费者对lil Mini和lil Plus的反馈意见,改善了口感并提高了烟雾量。传统的HNB设备直接加热烟草棒且需加热至315 ℃左右,会产生苦味,而lil Hybrid只需将烟弹加热至160 ℃左右,低温烘焙使味道更精纯。lil Hybrid仅与特定的烟弹和Miix加热棒兼容,该烟弹的加热舱为环形加热,这种设计使加热过程和烟丝无接触,烟丝热裂解产生的烟雾会被直接吸走,因此不会产生如针式加热和片式加热产品难以清洁的烦恼。lil Plus+则采用了双核加热技术,该产品通过扩大圆柱加热针对烟草的加热面积,使烟草受热更均匀,能获得更为浓郁的口感体验。

2020年2月,KT&G在首尔等重要城市推出了lil Hybrid 2.0。它会自动预热,是第一个没有按钮的HNB产品。该产品的OLED显示屏可提供有关电池电量、电池盒电量和剩余抽吸次数的信息。最新的lil Solid 2.0最大的特点是升级的热感系统和一次充电后可利用量增加,其采用的"环绕加热方式"通过感应加热技术持续加热,使最终的味道更为均匀。另外,该产品升级电池容量,一次充满电后最多可使用30颗烟弹。KT&G在韩国HNB市场的份额于2017年迅速增长,年增长率达到377%,之后一直维持在稳定水平。2020年,KT&G的HNB产品受到疫情影响较小,主要得益于lil Hybrid的业绩,该年的市场渗透率为12.7%。

KT&G在创新研究方面不断取得成就,本国专利数高于海外专利数。2019年,KT&G海外商标申请数量比2018年增长了约5倍,但本国商标个数呈下降趋势,这与KT&G积极拓展海外市场有关。KT&G在专利研发上的成就不断推动产品的创新。

2020年1月,KT&G和PMI签订合作协议,旨在扩大海外市场。双方就加热卷烟产品开展为期三年的初步合作,这一合作使PMI成为KT&G的全球独家代理商。KT&G通过PMI的全球市场渠道优势扩大lil的市场和客户群体,同时,lil也可以有效补充PMI的HNB产品矩阵,实现双赢。KT&G公司宣布将在乌克兰开售lil Solid和专属烟弹Fiit。菲莫国际根据与KT&G的合约,计划在乌克兰市场利用其资源与基础设施,全权负责产品的销售,预计KT&G在海外市场的扩张在近几年会得到极大推进。

小　　结

总体上看,经过40多年的发展创新,新型烟草制品领域初步实现了有产品、有市场和有创新,发展即将进入第一个高峰期。可以预计,未来一段时间,新型烟草制品的市场需求将呈现快速增长的趋势。从烟草企业角度来看,新型烟草制品正是烟草市场的蓝海,经过40多年的创新发展,产品和消费群体都有了较好的基础,且利润率较高,烟草企业的发展动力很强,未来一段时间将加速发展。从消费角度来看,随着传统卷烟消费环境的日渐严峻,新型烟草制品不断创新升级,相关产品的吸食满足感更好、危害性更小、吸食方式更加便利,新型烟草制品的市场空间将快速扩大,其研发创新将持续加强。作为新兴产品,新型烟草制品正处在产品创新、类别创新和技术创新过程中,创新将贯穿于烟草基因、种植、烟叶加工、烟叶成分萃取和吸食手段等烟草全产业链各个环节。新型烟草制品的类别和产品将更加多元化和高科技化,并且明显区别于传统的烟草制品,如菲莫国际公司正在尝试利用基因技术对烟叶基因进行改良,以减少烟雾的危害和提高吸食的满足感。有关新型烟草制品的并购重组案例不断涌现,新型烟草制品市场正处于群雄争霸阶段,包括产品、市场和技术的竞争,快速发展的市场规模促使资金、产品和技术快速优化整合,领先者将会在这个蓝海中取得先机。当前,在无烟气烟草制品领域,既有跨国烟草公司,也有规模较小的公司,还有专注于技术研发的公司,并购重组的概率很大。在电子烟产品领域,目前主要是中小型烟草公司,预计并购重组会更多并且更加激烈。低温卷烟产品的市场规模较小,目前还处于技术创新和研发阶段,并购重组可能主要侧重于专利转让和技术合作。

第 2 章　加热卷烟材料

2.1　引　　言

　　加热卷烟作为一种低温低危害的新型烟草制品,烟气的产生机理与传统卷烟明显不同,因此两者的烟支材料和烟支结构存在明显的区别。传统卷烟的烟支结构和材料都较为简单,结构采用"滤嘴＋烟丝段"的形式;材料即常说的"三纸一棒"——卷烟纸、成型纸、水松纸和滤棒,以及烟丝。滤棒形式多样,既有单一滤棒,又有复合滤棒。相比之下,市面上加热卷烟的烟支结构和材料更为复杂且多元化。烟丝段的薄片工艺、成型工艺不尽相同;烟支结构设计、尺寸、排列顺序、功能性、材料等更是千差万别。由于加热卷烟的发展较传统卷烟要短,受国家政策、市场现状、消费者抽吸习惯、卷烟设备等因素的影响,加热卷烟尚未形成固定的行业标准;同时各烟草企业对于加热卷烟的产品理解、所采用的技术方法的不同,也直接影响了不同品牌烟支结构和材料的应用。目前,主流的加热卷烟包括发烟段、隔离段、降温段、滤嘴段等结构。

　　发烟段作为烟支结构中的重要部分,其作用主要在于支撑抽吸时的感官体验。目前传统卷烟和加热卷烟所用发烟材料有较大区别,传统卷烟常用烟草原料有烟丝、梗丝、膨胀梗丝、膨胀烟丝等,加热卷烟常用烟草原料为再造烟叶。再造烟叶作为加热卷烟的主要发烟材料,其不同的生产工艺适用于不同类型的加热卷烟,对该材料的要求较为严格。

　　滤嘴段是区别传统卷烟和加热卷烟的最大要素,这主要是由滤嘴在烟支抽吸过程中的功能定位所决定的。滤嘴大多由致密丝束制备而成,在截留粒相物、降焦减害等方面有着不可取代的作用。目前行业内传统卷烟的滤嘴材料仍以醋酸纤维为主,而加热不燃烧非烟草草本烟弹更多地使用其他可替代过滤材料。近年来,研究人员重视加热卷烟滤嘴的开发,提出了滤嘴在加热卷烟中的适配性研究。由于烟支产品的特性存在差异,与传统卷烟相比,加热卷烟的滤嘴段有所不同,具体表现在长度较短、用量较少、过滤要求不高等方面。

　　第 1 章提到,加热卷烟的原理是利用外部热源加热特制发烟材料,而非点燃烟草以产生烟草风味气体(通过控制加热温度实现,一般将温度加热至 350 ℃以下)。由于加热卷烟烟支结构较短,加热的烟气在较短的行程后到达口中时会引起"烫口"的不适感,因此如何给烟气降温是整个加热卷烟行业所要攻关的核心技术点,这也在一定程度上决定了加热卷烟的基本结构形式。烟草企业使用的降温材料各有不同,基于热力学原理的相关研究也一直是加热卷烟领域的工作重点。目前有关降温材料的成分、结构形式、作用机理等方面的研究已逐渐从单一化走向多元化,同时也给该领域的标准化管理和安全性评价工作带来了一定的挑战。

隔离段在加热卷烟中更多是因结构位置而命名的,业内人士习惯把介于降温段和产香段之间的结构段叫作隔离段,其主要作用没有产香段和降温段那么清晰,有些产品会突出隔离段的降温作用,有些产品会在隔离段提供增香补香的功能,还有些产品的隔离段在兼具以上两项功能的同时起增强烟支的结构强度的作用。由于功能的多样性,隔离段的材料和结构形式也多种多样,主流的隔离材料是中空的醋纤滤棒,或薄壁或厚壁,此外还有纸管、高分子固件等。

综上所述,本章重点讨论国内外主流加热卷烟的结构段及其材料,旨在使读者对加热卷烟结构有更为广泛的认知,同时清晰理解加热卷烟产品开发中的加热原理与材料应用的关系。

2.2　加热卷烟发烟材料——再造烟叶

2.2.1　再造烟叶研究进展

再造烟叶的生产始于 20 世纪 50 年代,源自美国,在国外已有六十余年的发展历史,经历了"辊压法—稠浆法—造纸法"三个阶段。雪茄最初采用手工卷制,随着雪茄的制造走向机械化,需要烟叶状物品作为雪茄烟的外包皮,由此第一次研制出了再造烟叶,满足雪茄工业化生产的需求。不久卷烟工业开始引入再造烟叶,作为回收烟末和烟梗等废料的一种方法。我国对再造烟叶的研究起步较晚,1990 年才开始进行造纸法再造烟叶相关的实用技术研究,2003 年前对造纸法再造烟叶的使用长期依赖进口。

再造烟叶(reconstituted tobacco)又称重组烟叶或烟草薄片,是一种以烟草物质为主体原料,辅以其他外加纤维,采用特定工艺加工而成的产品。所有烟草物质均可用于再造烟叶的生产制造,包括传统卷烟生产过程中废弃的烟梗、梗签(包括短梗、梗片和卷烟机剔除的梗签)、烟末(包括各种风送系统产生的、输送带上筛下的和残烟的)、部分低次烟叶(包括燃烧性不好的散烟叶),以及烟草的碎片(包括卷烟加工、打叶和复烤过程产生的边角料)。经过不同的加工方法,各种烟草物质均可制成性状接近甚至优于天然烟叶的再造烟叶。再造烟叶的出现,可提高原料利用率且降低成本,利于雪茄烟机械化生产。

新型烟草制品逐渐在全球兴起,随着公众的健康意识不断提升,个性化、多样化消费需求不断增加,中国对再造烟叶的研究不再局限于传统卷烟和雪茄烟,还延伸至加热卷烟。加热卷烟制品主要分为电加热型、碳加热型、理化反应加热型、其他热源型等，国际市场上的加热卷烟制品以电加热型和碳加热型最具代表性。以电加热卷烟为例，其特征是不直接燃烧烟支，而是通过加热烟芯材料释放烟气，减少了传统卷烟因高温燃烧裂解产生的有害成分，降低了主流烟气的危害性，不产生侧流烟气。发烟段所用材料的制备成为加热卷烟的关键技术之一，它需要满足三个条件：①在低温条件下能够较快释放烟草成分和香味成分；②提供尼古丁，满足消费者所需的生理强度，有一定烟雾量，消费者能通过视觉感受到"烟雾"，通过嗅觉感受到"香气"；③烟气有害物质少且释放量低，更大限度地减少抽烟带来的健康威胁，符合现代社会新一代消费者的烟草消费理念。再造烟叶能够更好地匹配加热卷烟的结构特性和抽吸特性，能更好地满足新时代消费者的需求，为加热卷烟创造更大的发展空间。

加热卷烟的兴起和发展，对于再造烟叶来说也是一场新的革命，虽然其外观上并无较大差异，但是核心组成和功能却发生了质的改变。因此应对加热卷烟用再造烟叶赋予新的定义，即一种以烟草物质为主体原料，辅以雾化剂、胶黏剂、其他外加纤维及特色香料，通过特定工艺加工而成的产品。此定义中的烟草物质与生产传统卷烟用再造烟叶使用的烟草物质区别较大，不再是废弃烟叶、烟末、烟梗或低次烟叶、烟草的碎片等，而是具有较好烟气表现和香气表现的烟草原料。雾化剂的添加则可满足加热卷烟消费者对抽吸时产生烟雾的需求，外加纤维和胶黏剂满足再造烟叶生产过程、加热卷烟生产过程中所需材料强度，特色香料的添加能够使再造烟叶在加热抽吸过程中拥有较好的质感。

2.2.1.1 国外研究

美国雷诺烟草公司是全世界最早利用造纸法再造烟叶的卷烟企业，早在 1949 年起，就已在所生产的卷烟中添加造纸法再造烟叶。雷诺公司建有两个再造烟叶生产厂和一个小试车间，年生产能力 32000 吨，卷烟中再造烟叶添加量为 20%～30%。1950 年—1960 年，再造烟叶的生产技术迅速发展。1952 年，通用雪茄烟草公司的 Frankenburg 研制出烟草薄片；1956 年，美国机械铸造公司开始生产再造烟叶，同时美国的卷烟制造商 R. J. Reynolds、Liggett & Myers 和 American Tobacco 也都有了自己的生产线。Peter J. Schweitzer 开发了一种以造纸技术为基础的再造烟叶生产方法，同时欧洲也开展了一些研究工作，特别是在稠浆法和辊压法方面。20 世纪 70 年代末，随着人们对卷烟安全性的重视，国外烟草商开始系统研究造纸法再造烟叶工艺技术，并在 20 世纪 80 年代进行了大范围的推广应用，造纸法再造烟叶在卷烟配方中的使用比例和使用范围得到了大幅度提高，世界上的一些发达国家陆续建立了造纸法再造烟叶的生产线，所生产出的优质产品已被各国高档卷烟生产厂家（如万宝路、箭牌、云丝顿、骆驼等）采用。常用的卷烟产品中再造烟叶的使用比例通常保持在 20%～25%，在美国甚至高达 30%～35%。目前，全世界每年约使用 35 万吨以上的再造烟叶，并且每年还在不断递增。

随着低温卷烟的兴起，各大烟草巨头开始展开低温卷烟的研发，针对适用的烟草物质开展深入研究,再造烟叶也被赋予了新的使命。目前,在国际新型烟草制品领域,菲莫国际的 IQOS 的烟芯材料用的是稠浆法再造烟叶,英美烟草的 glo 的烟芯材料采用的是造纸法再造烟叶。

2.2.1.2 国内研究

从 1998 年起,国家烟草专卖局加大了造纸法再造烟叶的研究力度,并助推国内相关企业在造纸法再造烟叶生产技术方面自主研发和攻关成功,自此以后,再造烟叶产业在我国快速发展,而且不仅仅局限于湿法造纸法(默认为造纸法)再造烟叶,还逐渐扩展到稠浆法、辊压法、干法造纸法(简称干法)再造烟叶的生产研究。目前国内已经具备以上四种再造烟叶的规模化生产加工能力,这也证明我国在再造烟叶技术和生产上早就打破了进口再造烟叶的约束,已经可以实现自主供应再造烟叶,满足再造烟叶需求。

再造烟叶不仅可用于传统卷烟的生产,随着全球新型烟草的迅猛发展,国家局逐渐重视再造烟叶在新型烟草中的应用,各大烟草企业也争先开展新型烟草用再造烟叶的相关研究工作。但是面对国外技术专利的层层封锁,尤其是菲莫烟草,要想完全避开专利侵权风险就需要进行新的探索。这不仅仅是卷烟市场的革新,更是再造烟叶发展至今又一新的革命。

目前国内在该研究领域还处于起步阶段,拥有的核心技术非常少,虽然已经公开了一些论文和专利,但仍然存在一定的侵权风险,然而国内的科研势头依然强劲。刘达岸等通过分析比较造纸法、稠浆法和辊压法再造烟叶的加热不燃烧特性,得出结论:在加热不燃烧状态下,三种再造烟叶的微观结构及纤维形态均有区别,但是造纸法与其他两种方法差异较大,并且造纸法的抗张强度最高;辊压法和稠浆法再造烟叶的感官质量较为接近,且优于造纸法再造烟叶。刘刚等提供了一种加热卷烟的加工方法,该方法是将片状的再造烟叶(不限种类)沿着一个方向切丝,并顺其方向裹成圆柱形作为加热卷烟发烟段使用,其中的烟丝排列为有序排列。赵德清等提供了一种加热卷烟叶组配方设计方法及应用,包括在加热不燃烧卷烟用烟草再造烟叶生产中的应用和在烟草再造烟叶制备工艺中的应用,制备得到的加热卷烟具有更科学、更合理的叶组、原料配方,进一步提升了加热卷烟的感官质量。韩敬美等在传统干法再造烟叶生产工艺的基础上,通过优化涂布料配方和改进加工工艺,实现了一种干法再造烟叶在加热卷烟产品上的应用。罗诚浩等提供了一种改进稠浆法加热不燃烧再造烟叶品质的工艺方法及应用,通过该方法制备的加热不燃烧再造烟叶,烟香丰富,木质气息低,刺激性降低且辛辣味减少;在加热卷烟中应用,可协调香气,改善吸味,提高舒适口感度。罗诚浩等在辊压法工艺的基础上,改进了工艺方法,制备加热不燃烧再造烟叶,解决了大比例添加雾化剂的问题,同时该工艺条件温和,可直接使用现有生产设备,无须改造,具有较大的工业应用前景。靖德军等发明了一种加热卷烟烟芯材料,该烟芯材料采用的是干法再造烟叶,这种借鉴干法气流成型技术成型的加热卷烟烟芯材料具备高负载性能,同时结合干法再造烟叶所具备的烟草有效成分的高还原性和疏松多孔的物理结构,在保证产品感官质量的同时具备高发烟量,使用户具有良好的体验感。

2.2.2 四种再造烟叶的工艺及技术

再造烟叶是加热卷烟发烟段烟芯材料的重要组成部分,应用于有序加热卷烟和无序加热卷烟中,其制造工艺及技术主要有四种:稠浆法、辊压法、干法、造纸法。四种再造烟叶各有优缺点,辊压法生产技术与其他生产技术长期共存、互为补充。辊压法的优点在于投资少、成本低、见效快,生产工艺和设备结构简单,便于操作和维修,能保持烟草天然香气等;缺点是产品密度较高、填充值较低,加工性能较差,造碎较多,挤压成型难度较大,加纤难度较大,辊压后烟草物质结构致密,不利于发烟。稠浆法受到国际企业的认可,也是目前加热卷烟中使用的主流工艺,其优点在于产品的香气、吃味、密度及填充值接近天然烟叶,机械加工性能好,可降低产品的焦油释放量,产品的结构密度和松厚度适中,与辊压法相比更适合加纤增强;缺点在于成本相对辊压法高,并且产品的外观色差较大,此外,产品的空隙过低使得外加香受限,香气的自然感比不上干法。干法的优点在于产品的片基强度高,孔隙率高,吸附性强,香气表现自然纯正,给外加香提供了较大的空间,可操作性强;缺点在于烟草物质含量不足,使得烟碱含量低和气溶胶生成剂含量低,同时产品空隙率过高,导致吸潮性强,抽吸时延期稍显稀疏,衰减快,并且加工成本相对较高。造纸法的优点在于工艺成熟,产品片基强度高;缺点在于产品中纤维、胶的含量较多,烟草物质含量不足引起烟碱含量低和气溶胶生成剂含量低,导致产品在吸味方面与上面三种工艺生产的产品相差较大,且因为其需要用到提取浓缩工艺,成本也相对较高。

2.2.2.1 稠浆法再造烟叶

世界上部分国家采用稠浆法生产雪茄烟内外包皮,这种方法是将碎烟叶和烟梗干燥后磨成烟末,然后将粉末加到含有黏合剂、助燃剂、矿物质灰分和保湿剂的溶液中,充分混合均匀后再将其涂在不锈钢带上形成一层膜,经过干燥、回潮和脱膜后卷起来或切成方形,即得到稠浆法再造烟叶成品。该法可按需要加入不同比例的香料、保润剂和添加剂,故可以改变再造烟叶的性能。此外,该法生产的再造烟叶外观较好、质地均匀,拉力强度与改良造纸法的辊压法再造烟叶接近,生产设备投资不大,耗能及质量中等,不足之处为不锈钢带造价较高。瑞典山德维克公司与雷诺士(R.J.R)德国特利尔卷烟厂合作开发了稠浆法双层再造烟叶工艺技术,产品具有吸味好、耐加工性能较好、长丝率高、造碎少、贮存时间长等优点。为提高稠浆法再造烟叶的物理性能,我国的烟草工作者研究开发了一种稠浆法再造烟叶专用黏合剂,可提高再造烟叶的纵、横向平均抗张强度,从而提高产品的有效利用率,同时可提高再造烟叶的耐水性能,能有效减轻再造烟叶粘连结块现象的发生。

稠浆法再造烟叶在四种再造烟叶中的表现相对较好,在加热卷烟领域的应用也较为广泛。目前菲莫国际所用原料均为稠浆法再造烟叶,且在专利方面做了较全面布局,因此国内企业将其运用于加热卷烟中,需要注意专利风险问题,尤其要规避有序结构。

1.工艺

稠浆法再造烟叶的制造工艺相对简单,将烟草物质经过低温粉碎,然后加入水和胶黏剂、纤维、雾化剂、香料等形成均质化稠浆,通过布浆设备把稠浆均匀涂布到不锈钢带上形成涂膜干燥,再转移至网带上进行二次低温剥离,最后依据加热卷烟生产工艺的需求进行收卷或切丝(见图 2-1)。

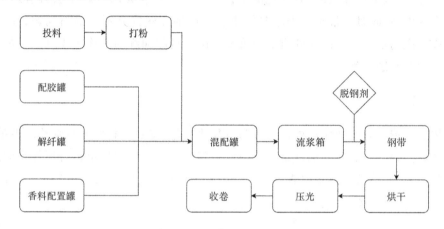

图 2-1 稠浆法工艺流程

2.关键技术

原料关键技术:①烟叶原料的选型应适应配方设计要求,能够较好压制稠浆法工艺所带来的负面作用,如烟气发酸,击喉感过强,后段烟雾大,烟气稍空,有针对性地选择烟叶原料;②香料的选型应弥补叶组配方的不足之处,让整个再造烟叶的抽吸感受更接近甚至超越设计目标。

烟叶原料粉碎关键技术:采用低温粉碎,在粉碎过程中,温度尽量保持在 50 ℃以下,以更好地保留烟草本香。烟叶原料本身水分含量不宜过高,应控制在 10% 左右,避免在粉碎过程中结团,影响筛分。

布浆关键技术:①前段浆料均匀混合;②布浆前存储罐要经过真空将气泡排除,否则会影响布浆均匀性和外观;③布浆均匀性的在线控制,保证浆料均匀一致;④布浆前不锈钢带需预热,同时均匀涂刷脱钢剂,脱钢剂应无色无味,不影响产品外观和吸味。

干燥关键技术:稠浆干燥过程中精准控制温度,分段控温,减少雾化剂的损失,凸显烟草本性,赋予产品"浓、醇、香"的高端品质。

2.2.2.2 辊压法

辊压法最早出现在日本,是利用物理方法将烟末、烟梗、纤维素、黏合剂以干态混合,加入少量水、附加剂等物质后用压辊压制成薄片并干燥,脱膜后卷起来或切成需要的形状。用辊压法制得的再造烟叶的物理强度较差,单位体积重量大,填充性能低,焦油释放量较高。但该法设备紧凑、规模小,工艺和设备较简单,耗能较少,生产成本低,适于中小规模烟厂使用。为了达到提高辊压法再造烟叶内在质量的要求,以及实现辊压法再造烟叶与天然烟叶在生产中同步切丝的目标,日本采用加木浆纤维(加纤量超过10%)的生产方法,但使用辊压法制造再造烟叶存在纤维掺兑量(加纤量)低及纤维与盐分混合掺兑均匀性较差两个问题,使得生产出的辊压法再造烟叶各项物理性能指标偏低,导致烟厂不得不采用切丝(不切片)及烘后掺兑的工艺方法。这不仅无助于辊压法再造烟叶丝有效利用率的提高,同时又带来了烟丝与辊压法再造烟叶丝掺兑不均的新问题。因此,合理加纤成了提高辊压法再造烟叶质量的重要手段。目前加纤的方式主要有干法加纤、湿法加纤和加纤起皱三种。

1. 工艺

辊压法再造烟叶生产原料处理过程与稠浆法类似,按照原料配方将烟草原料粉碎至一定粒径,与水和胶黏剂、外加纤维、雾化剂、香料等物质按一定比例混合搅拌均匀后,形成松散的团粒物,然后通过多级辊压成型,经烘箱干燥后依据加热卷烟生产工艺的需求进行收卷或切丝(见图 2-2)。

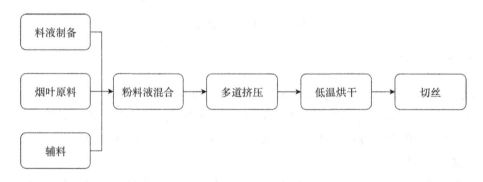

图 2-2 辊压法工艺流程

2. 关键技术

原料关键技术:①烟叶原料的选择应符合配方设计要求,辊压法再造烟叶带来的烟气发酸等问题稍次于稠浆法再造烟叶,所以在原料的选择上需另辟蹊径,打破常规,可选择特征浓郁、能够在辊压法中较好发挥香气作用的优质烟叶原料,如雪茄烟、晾晒烟、白肋烟、香料烟、中上部烤烟等;②在香料的选择上也应考虑突出烟草风格特征,以提升烟草本味,但也要考虑抽吸的舒适性;③注意各种添加物比例的调控,尤其是最终团粒物的水分控制,需要在一定的水分条件下才能更好地完成挤压成型。

原料粉碎关键技术:常温粉碎,在破壁同时保留烟草本香,控制粒径。

搅拌关键技术：干湿物料均匀混合，有利于产品释放浓郁的烟气，雾化效果均匀。辊压法不同于其他三种方法，它的原料是干物质和湿物质混合而成的，添加比例差别大，对水分控制的要求高。水分含量过低会影响搅拌均匀性，应格外注意。这类似和面技术，需要将各种物质揉搓均匀。

辊压成型关键技术：辊压法主要是通过多级辊压形成片状形态的再造烟叶，压辊间距的控制极为重要。每两道压辊的间距应有所差异，越往后间距越小。压辊间距的控制精度对提升再造烟叶抗张强度及耐加工性尤为重要。

2.2.2.3 干法

干法造纸以空气代替水作为分散、输送纤维的介质，纤维上网成型时不需要用水，对环境污染较小。干法造纸最初是由两位苏联造纸工程师在 1931 年提出的，他们借助棉纺行业的梳棉机等设备，以棉花为原料研制成功了当时急需的特种纸。干法造纸在无纺布行业又叫"梳理法"，该种方法要求纤维长度大于 20.0 mm。20 世纪 50 至 60 年代，丹麦、芬兰、日本研发出了"气流法"，它是以木浆、绒毛浆、化学短纤维、玻璃纤维等为原料，利用空气风送、低真空抽吸、气流沉降成型、乳胶或热熔胶黏合、热风穿透干燥等技术制成多种干法纸，因产品质感独特，具备高吸收性、高湿强度等性能，被广泛应用于日常生活用纸、生理卫生用纸、医药及特殊用途的擦拭与密封行业。

1976 年，丹麦 Dan-Web 公司首台年产 6000 吨的干法造纸生产线建成投产；1987 年，丹麦 M&J 公司创立，并逐步成为世界上专职研究、开发、生产干法造纸成套设备的厂家；进入 21 世纪，干法造纸工艺技术有了飞跃性发展，采用的生产方法主要为气流法。国外已有车速 270 m/min、幅宽 3200 mm、年产量 2.5 万吨的胶合、热合和复合型干法纸生产线。

1. 工艺

干法再造烟叶生产主要采用由造纸技术中的气流成型技术发展起来的新型再造烟叶技术，是将烟草原料低温粉碎至一定粒径，与水、胶黏剂、雾化剂、香料等物质按一定比例混合搅拌均匀后，输送至机前涂布罐中，同时对浆板原料进行纤维解纤工作，通过定量输送，在吸风作用下将纤维输送至成型网上形成纤维薄层，进行多次喷涂和烘干，经干燥后形成干法再造烟叶，最终进行收卷或切丝（见图 2-3 至图 2-5）。

2. 关键技术

原料关键技术：①烟叶原料的选择。干法再造烟叶能够较好地还原烟草本香，但是烟气略显稀疏，不够饱满，衰减较快，所以其烟叶原料选择标准类似于辊压法，但也有区别，它需要烟碱足、香气浓郁且相对持久的烟叶原料，可选雪茄烟叶原料和白肋烟，辅以优质烤烟（以上部烟叶为佳）。②在香料的选择上以烟草提取物、浓缩物为佳，具有突出

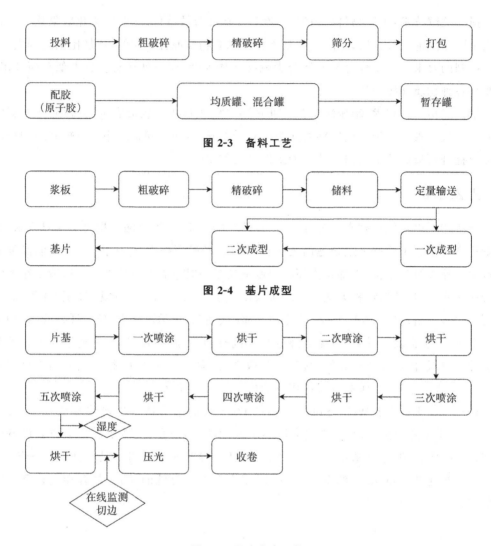

图 2-3 备料工艺

图 2-4 基片成型

图 2-5 干法生产工艺

特征香气和增强劲头的作用,同时可以运用一定的坚果烘烤香气来形成独特的香气风格,提升抽吸满足感。

气流成型关键技术:此项技术为干法再造烟叶生产加工的关键技术,最需要注意以下问题。①静电结团问题,一定要保证环境温湿度在一个合适的范围内,避免静电的产生,从而造成结团;②计量问题,精准的计量手段是基片稳定成型的第一步;③风压风量控制,风压、风量在线控制系统能够保证基片最终定量的稳定。

喷涂关键技术:①通常采用往复喷涂,相对较稳定;②注意喷涂方向,避免反面喷涂,因为会造成喷涂不均匀,涂布液损失也相对较多。

成品要求:干法再造烟叶相对于其他几种再造烟叶更容易吸潮,因此对水分的控制尤为重要,水分含量需要在 10% 以下,建议不低于 8%,因为水分含量过低会使得加热卷烟中的发烟材料容易被顶出,主要体现在有序结构中;此外,甘油含量的控制也与水分含量高低有一定关系,在烘干过程中甘油会随着水分一并损失,所以低水分含量也会导致甘油含量变低,需要在最后补充甘油或者控制烘干温度。

2.2.2.4　造纸法

造纸法再造烟叶生产技术又称奥地利再造烟叶工艺,是由奥地利 PGT 公司于 1975 年与挪威奥斯陆大学合作研究成功的。国外系统研究造纸法再造烟叶工艺技术始于 20 世纪 70 年代,目前,世界上大多数卷烟公司,尤其是美国和欧洲的烟草公司(包括菲利浦莫里斯公司和英美烟草公司)均采用此法生产再造烟叶。

我国在 20 世纪 90 年代末才开始对造纸法再造烟叶进行系统的研究。"十五"期间,中国烟草总公司要求降低香烟焦油含量至 15.0 mg/支,使得部分烟厂开始进口国外生产的造纸法再造烟叶,以达到降低焦油和烟气有害成分的目的,取得了良好的效果。同时,国内开始注重造纸法再造烟叶的生产技术和烟草质量改进的研究。在国家烟草专卖局的关注下,通过吸取国外经验和自主研发,我国造纸法再造烟叶生产技术迅速发展,目前已在广东、云南、浙江、上海、山东、河南、湖南、湖北、江苏等地建成多条造纸法再造烟叶生产线并投入生产。

造纸法再造烟叶在传统卷烟中的使用比例是比较高的,但是再造烟叶本身烟草物质含量不足会引起烟碱含量低和气溶胶生成剂含量低,并且胶含量高,易污染,抽吸时异味较多,不易压制。此外,造纸法需要应用提取浓缩等辅助工艺,设备成本极高。

1. 工艺

按照再造烟叶原料配方的要求,将烟末、烟梗等烟草原料先进行溶剂(通常是水)提取(常用三级逆流提取工艺),之后进行固液分离,所得固体部分经抄造加工成基片,液体部分经精制、浓缩和香精香料、雾化剂等物质调制后制成涂布液,然后采用双辊涂布等方式将涂布液涂到基片上,经热风烘干和切片等工序后制成再造烟叶(见图 2-6)。

2. 关键技术

原料关键技术:通过涂布工艺对烟草提取物进行综合处理和调配,进一步增加再造烟叶可释放的烟草物质,调节烟味,提高加热卷烟的抽吸品质。

压榨关键技术:采用特定压榨工艺,提高再造烟叶松厚度,同时提高再造烟叶对烟草提取物以及雾化剂的吸附性能。

提取关键技术:三级逆流提取工艺,提高原料利用率,在提高液体有效成分含量的同时降低损耗。

烘干关键技术:造纸法再造烟叶烘干技术与其他三种方法的区别主要体现在前段,利用干燥缸缸体表面温度进行烘干,热效率高;使用传热面积大的大缸,目的是快速干

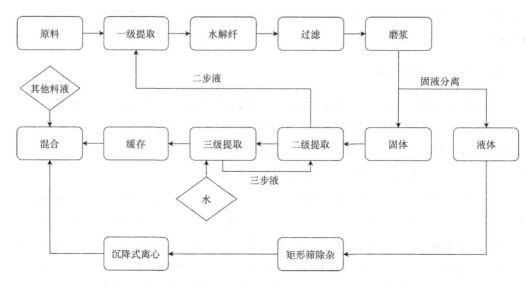

图 2-6 造纸法生产工艺流程

燥,使纤维之间尽快形成氢键,利于下一步吸液时氢键迅速打开。

2.2.3 加热卷烟用再造烟叶技术研究

之所以采用再造烟叶作为加热卷烟主要烟草类原料,主要原因在于加热卷烟是通过加热不燃烧的方式产生烟气供消费者抽吸,若按照传统卷烟的思路使用烟叶原料进行卷制,问题则会层出不穷。首先,烟雾量较小,而烟雾量作为消费者最直观的感受,是影响消费者抽吸体验的关键因素之一。其次,释放物质少,烟丝的加热温度最高只能达到350 ℃,此条件下,物质基本不会发生裂解或很少裂解,产生的香味成分与传统卷烟相比差距较大,使得消费者感受不到香气或者满足不了消费者对烟草本味的需求。最后,目前业内普遍以甘油作为相对安全的雾化剂,且添加比例相对较高,而正常烟叶对甘油的吸收性较差,无法实现高比例添加甘油,从而满足不了消费者对烟雾的需求。以上因素最终决定了烟叶不是加热卷烟的最好原料。因此,行业内开始寻找更好的替代原料——再造烟叶,其既能满足消费者对烟雾的需求,还能够接近传统卷烟的味道,也为再造烟叶的发展指明了方向。

传统卷烟用再造烟叶主要用于降成本、增填充等,因此对它不需要有太高的要求,而加热卷烟用再造烟叶的要求就较为严格,且明显区别于传统的再造烟叶。加热卷烟用再造烟叶不仅需要有一定的抗张强度,标准的定量、厚度和水分,还需要有足够的雾化剂含量,且形态较多,包括收卷、切丝等。目前各中烟公司标准、工艺不一,但是其研究的技术方向较为一致,主要包含原料配方组成、胶黏剂组成、雾化剂选择、香原料配方组成以及其他辅料研究。

2.2.3.1 原料

再造烟叶的主要成分为烟草原料,目前烟草原料主要包含烤烟、白肋烟、晾晒烟、香料烟、雪茄烟五大类,其中也含有烟叶碎片、烟梗等。

查阅相关文献可以看出,目前加热卷烟的原料组成有较大差异,例如,专利"烟叶原料组及其在制备加热不燃烧卷烟方面的应用"依据关键成分烟碱、总糖、总氮、钾、氯灰分、硝酸盐含量进行比对配伍,将不同类型的烟叶碎片进行组合,应用于干法再造烟叶涂布液的添加物;专利"一种提高加热不燃烧卷烟香气量的烟叶组合物"中所用烟叶包含湖北省白肋烟烟叶、浙江省香料烟烟叶、云南省香料烟烟叶、湖南省晒黄烟烟叶、四川省晒黄烟烟叶;专利"一种用于加热不燃烧卷烟的干法再造烟叶及其制备方法"所述的用于加热不燃烧卷烟的干法再造烟叶,其中烟叶组成为烤烟、晒烟、凉烟、黄花烟、香料烟、白肋烟中的一种或几种;专利"烤烟风味降温调香段的原料配方、其制备方法以及加热不燃烧卷烟基础棒"中所用烟叶为红大烟叶、津巴布韦烟叶或美国烤烟烟叶、白肋烟;专利"一种用于混合型加热不燃烧卷烟产香段的香原料及其制备方法"中所用烟叶为模块化组合,其特征在于,所述香原料包括基香模块、增香模块、浓度模块、口感模块、劲头模块和风味模块,其中基香模块选自晾晒烟叶、白肋烟和烤烟烟叶中的一种或多种,增香模块选自香料烟和/或雪茄烟烟叶,浓度模块包括晾晒烟叶,口感模块选自一种或多种药食同源植物,劲头模块选自白肋烟和/或晾晒烟,风味模块选自咖啡、可可和美拉德反应物中的一种或多种。

由此可见,各中烟公司在烟叶原料的选择上差异较大。一般来说,适用于传统卷烟的烟叶原料不适用于加热卷烟,一般常用烤烟(以上部烟叶为宜)、白肋烟、晾晒烟、香料烟、雪茄烟,上述烟叶的主要特征为烟碱含量高、香气量足。

2.2.3.2 胶黏剂

再造烟叶生产过程中,专用胶黏剂的作用日益突出。胶黏剂不仅能将烟草及其他组分黏接起来,还能赋予再造烟叶一定的机械性能,对再造烟叶的物理和化学性能也会产生很大的影响。目前,用于再造烟叶的胶黏剂种类很多,常用的胶黏剂有各种纤维素衍生物、天然果胶、树胶及其他天然原料的萃取物等,具体有黄原胶、魔芋胶、聚丙烯酸钠、甲壳素和羧甲基纤维素钠等,均取得了一定的应用效果。

胶黏剂的性能直接关系到再造烟叶的质量和生产成本,其不仅对烟末及其他组分起粘连作用,还赋予再造烟叶一定的机械性能,对再造烟叶的物理和化学性质,如柔韧性、弹性、抗张强度、燃烧性、吸味特性等有很大影响。汉中卷烟厂原来使用的胶黏剂是羧甲基纤维素钠(CMC),所生产的辊压法再造烟叶存在加工易破碎、木质气重、耐水性差、抗张强度弱和弹性差等缺陷,降低了再造烟叶的有效利用率,不适用于高速卷烟机和中高档卷烟的生产。因此,该公司选择黄原胶、魔芋胶、聚丙烯酸钠、甲壳素四种食品黏合剂对辊压法再造烟叶生产进行了应用试验,以获得高质量的再造烟叶,满足现有工艺和产品的需要。

不同再造烟叶制造工艺所适用的胶黏剂依然存在一定差异。例如,在现有再造烟叶生产中,造纸法和稠浆法都需要用到胶黏剂,壳聚糖是造纸法再造烟叶中常用的一种胶黏剂,但是由于造纸法和稠浆法使用的原材料不同,适用于造纸法制备再造烟叶的胶黏剂并不适用于稠浆法制备再造烟叶。只有再造烟叶中存在大量纤维时,壳聚糖才能体现出较好的成膜性能,因为壳聚糖与纤维之间会产生较好的结合力,能正常发挥作用。但是对于稠浆法再造烟叶而言,由于其使用的是粉状烟粉,单独使用壳聚糖无法将粉状烟粉很好地黏结在一起,需要搭配其他胶黏剂使用。有企业提出将壳聚糖与角豆胶按一定质量比例调配成胶黏剂,通过该胶黏剂制得的再造烟叶具有优异的抗张强度和耐水性,满足再造烟叶生产要求。有研究提出,将壳聚糖、海藻酸钠和刺槐豆胶进行调配可得到一种适用于加热卷烟制品的胶黏剂,利用壳聚糖在纤维表面优异的成膜性能和刺槐豆胶的高黏度,改善了胶黏剂整体的黏结效果,该胶黏剂可以进一步改善再造烟叶产品的耐水性能和抗张强度,且所述方法更适用于稠浆法或辊压法再造烟叶的生产。另有研究提出,采用淀粉作为原料,经碱化、氧化和交联等步骤合成了一种新型的再造烟叶胶黏剂,采用该黏合剂生产的再造烟叶具有较好的物理特性和吸味品质,有一定的使用和推广价值。

2.2.3.3 雾化剂

加热卷烟作为一种新型烟草制品,近年来发展势头迅猛。它采取"加热不燃烧"的方式使烟草受热,虽然与传统卷烟一样都会产生可见烟雾,但非燃烧的特点使其烟雾中的有害物质大大减少。烟气气溶胶作为决定加热卷烟综合品质的关键因素,对烟气感官质量产生重要影响。由于加热卷烟加热温度较低,其口味不如传统卷烟丰满,烟气也不如传统卷烟明显。若依然选择普通烟丝作为发烟载体,并不能在低温加热条件下产生大量烟雾,需要通过其他途径解决此类问题,如添加雾化剂。但是单纯添加雾化剂于烟丝上并不能达到较好的抽吸体验,因此需要在再造烟叶加工过程中添加一定量的雾化剂,达到产品需求。加热卷烟专用的再造烟叶就负载了一定量的发烟剂,如"Marlboro"烟支中烟草材料段的发烟剂含量约17%,"glo"烟支中烟草材料段的发烟剂含量约12%,通过发烟剂在加热时雾化,促进再造烟叶在加热状态下释放烟气。

常见的雾化剂有丙三醇、丙二醇等,其中丙三醇最为常用,且作为电子烟烟油雾化剂普遍使用。丙三醇在加热卷烟中的使用也较为广泛,但是工业化生产往往需要探索更加低成本、有益的雾化材料。有研究提出,将丙二醇、丙三醇、乙二醇、山梨醇、山梨糖醇混合制备成雾化剂,应用于再造烟叶中。也有通过添加脂肪酸、丙二醇、植物油制备雾化剂的,并运用于加热卷烟中,较饱和脂肪酸而言,脂肪酸具有更低的沸点,植物油、脂肪酸协同作用,能有效改善丙二醇的流动性,使雾化剂在加热卷烟的加热温度下可产生明显烟气,从而提高雾化剂的发烟量。此外,还有以脂肪酸、丙二醇、EDTA 溶液调配雾化剂的,其中脂肪酸可较大程度地促进丙二醇的流动性,降低其整体黏度,增大雾化剂的发烟量;EDTA 溶液可以提高脂肪酸在丙二醇中的分散性,从而确保发烟量。

2.2.3.4　香原料

烟用香精香料是一种随着烟草业的发展而产生的专用添加剂,可为各类烟草制品增添烟香和矫正吸味。各大烟草公司致力于调配适合自己产品的独特的烟用香精香料,以提高自身在行业内的核心竞争力。只有拥有自己的核心竞争力,才能够吸引更多的忠实消费者。

目前行业内香原料的相关研究多针对传统卷烟,传统卷烟分为烤烟型卷烟、混合型卷烟、外香型卷烟、雪茄型卷烟,不同的卷烟类别对香精香料的需求也有所不同。烤烟型卷烟要求突出优质烤烟的香味特征,加香的目的在于提调风味和充实香气,加香贵在自然,不宜带有明显的非烟草特征的香气。混合型卷烟的加香要求是不引发异味并能增强卷烟香味,因此能克服烟气中不良气味的香料和添加剂都可使用。外香型卷烟就是突出某种外加香气息的卷烟产品,如薄荷香、可可香、玫瑰香、奶油香等。对外香型卷烟加香时,应针对叶组配方结构类型采用不同的加香方式,如冷筒加香,加料加香,粘接物、包装物、滤嘴加香等,以保证产品质量和风格。同时采用几种加香方式时,应尽量选用同一类型的香精香料,以免互相干扰。雪茄型卷烟多采用天然精油、单体化合物、植物的酊剂以及自行提取的香料。浸提物多为桂皮、月桂叶、可可壳、蚕豆花以及甘松等。因此,加香的作用对于不同类型的传统卷烟来说有所不同,卷烟的香气主要依靠合理的叶组配方来获得,但通过加香,可以丰富和矫正烟香,并使卷烟的香味保持稳定。另外,随着卷烟中焦油量的降低,以及梗丝、再造烟叶的使用,需要通过加香增补香气。加香能够产生两方面的作用:第一,掩盖杂气、改进吃味。利用香料物质对某种气味具有遮蔽作用的特性,对卷烟的杂气予以掩盖、稀释和中和。另外,通过加香,卷烟不仅可拥有馥郁芳菲的香气,并且具有津甜、柔绵、爽口的烟味以及协调的初味和后味。第二,创造新颖独特的香气风格。在保证外加香与烟香协调的基础上,赋予卷烟以清香、浓香、甜香、果香、巧克力香、辛香、酒香等不同的香气风格,满足不同吸烟口味的消费者的需要。

由于加热卷烟具有特定的加工工艺和抽吸方式,因此香原料的正确添加极为重要。加热卷烟的主要成分为再造烟叶,烟草材料经过再次加工后,香气成分均会有一定损失,且加热抽吸的方式会进一步降低香味成分的释放,最终会在感官上产生比较明显的反应——浓度低、持久性差。因此,对于加热卷烟来说,加香和叶组配方都是至关重要的,且在香原料的选择上有别于传统卷烟。加热卷烟不仅要添加表香,在再造烟叶制造过程中加香也有着至关重要的作用。目前,加热卷烟按照口味类别主要可分为烟草类、薄荷类、风味类。除烟草味道外,其他类型可以归为外香型。烟草类加热卷烟需要从烟草本香、劲头上出发,寻找浓度较高,且提升劲头的烟草类香原料,还可以寻找一些偏烘烤气息的香原料,提升香气浓度。薄荷和风味类加热卷烟均可以归为外香型加热卷烟,其一般需要添加的多为特征风格明显、浓度高、能够在抽吸时保持一定的均匀性的香原料。

目前烟草行业内的烟用香原料主要来自天然香料和合成香料,其中天然香料是从动植物中提取出的香原料,常用的提取方法有水蒸气蒸馏法、冷磨法、压榨法、浸提法(或萃取法),该类型香原料的香气多表现出丰富、自然的特点。合成香料多为单体化合物,该类型香原料多表现为特征明显,但负面作用较大。以上用于烟草的香原料归为烟用香原料,烟用香原料在香韵上区别较大,分为酒香韵、花香韵、果香韵、柑橘香韵、辛香韵、药草香韵、薄荷香韵、青香韵、苔香韵、木香韵、甘草香韵、烟草香韵、烟熏香韵、焦糖香韵、烘烤香韵、坚果香韵、奶香韵、膏香韵、动物及琥珀香韵、甜香韵等。

2.3　滤　　嘴

2.3.1　滤嘴功能

无论对于传统卷烟还是加热卷烟来说,滤嘴都是必不可少的组成部分。有资料显示,传统卷烟的烟气中大约含有四千到五千种化合物,其中因烟草燃烧而产生的化合物就多达两千七百余种,加热卷烟的烟气中则相对少得多。滤嘴在烟支中主要有如下作用:①有效截留卷烟主流烟气中的总粒相物;②滤除截留烟气中的部分有害成分;③减少烟气对人体健康及环境的危害;④在一定程度上降低烟气温度;⑤在一定程度上改善烟气特性;⑥赋予烟支品牌特异性。

滤嘴的出现最初是为了减轻烟支抽吸过程中的不适感,在随后的研究中发现,滤棒可以有效吸附和截留卷烟主流烟气中的有害成分,例如焦油、酚类化合物、总粒相物等,这也是烟草行业降焦减害的主要手段,是各烟草公司持续攻关的关键技术点。经研究发现,滤棒的设计参数、材料、添加剂以及新型结构滤棒对卷烟主流烟气有不同程度的影响。

滤棒的设计参数包括滤棒吸阻、长度以及通风度,不同的设计参数对卷烟主流烟气中各种有害成分的释放量有着显著的影响。例如,在不影响评吸结果的情况下,随着滤棒吸阻的增加,主流烟气中部分酸性香味成分释放量逐步减少,同时吸阻与主流烟气中的焦油、CO 的释放量呈负相关,这表明主流烟气中大部分有害物质含量以及危害性指数随滤棒吸阻增加呈降低趋势,包括自由基释放量。

滤棒材料的选择为主流烟气中有害成分的特异性吸附提供了更多可能。相关研究人员发现,醋酸纤维滤棒对主流烟气中的酚类物质有良好的吸附能力和较高的选择性,且滤棒对酚类物质的截留效率与滤棒和烟丝的距离有关系。淀粉材料滤棒可以有效降低主流烟气中的 HCN、NH_3 和巴豆醛等有害成分的含量;竹炭纤维滤棒对有害成分的吸收能力比醋酸纤维棒提高了 50％以上。此外,添加剂的使用也是改善滤棒特异性吸附的重要手段,常见的添加剂有活性炭颗粒、天然动植物提取液等。以上研究说明,滤棒材料的选择对有害物质的吸附可能具有特异性。

随着对滤棒的创新和改革,更多的特种滤棒进入卷烟市场。常见的特种滤棒有沟槽滤棒、爆珠滤棒、空腔滤棒、同心圆滤棒和香料线滤棒等,尤其是爆珠滤棒,一经推出便得到消费者的喜爱,该滤棒不仅可以明显改善烟气感官质量,还可以在一定程度上减少有害物质的释放。新型结构滤棒在改善某项指标的同时会影响其他指标,因此特种滤棒的应用要充分考虑对烟气感官品质的影响。

随着烟草开始向无公害方向发展,开发低焦油、低危害的卷烟产品是提高卷烟水平的关键,也是顺应时代发展的必然之举。同时,由于传统卷烟和加热卷烟的烟气状态有较大差异,传统燃吸式卷烟的滤嘴是否适配于加热卷烟,是诸多加热卷烟研究人员关心的技术问题。进一步了解滤嘴的相关基础知识,对于滤嘴的设计开发非常重要。

2.3.2 滤嘴发展史

1925 年,鲍里斯·阿维阿斯在英国邦邹纸业的 Ortmann 工厂实验,申请了用皱纹纸和纤维素絮等制造香烟过滤嘴的专利,此后生产过滤嘴香烟的机械设备相继得以开发,使得过滤嘴香烟进入历史舞台。过滤嘴香烟的问世不过百年,这种被认为更加"安全"的烟草制品在发展的过程中渐渐成熟。过滤嘴香烟大事记见表 2-1。

表 2-1 过滤嘴香烟大事记

时　间	事　件
1925 年	匈牙利人 Aivaz 发明了用皱纹纸与纤维素絮制造的过滤嘴
1927 年	Filtronic 公司开始生产纸质滤嘴
1930 年	用棉花做过滤材料的第一个卷烟滤嘴问世
1935 年	英国一公司推出一款生产过滤嘴卷烟的机器,过滤嘴生产进入产业化和商业化
1948 年	菲尔创纳在英国东北部建立了第一个过滤嘴开发与生产工厂
1952 年	美国 Laurillard 公司生产出加石棉过滤嘴的香烟
1959 年	我国推出第一支过滤嘴卷烟
1960 年	第一个特种过滤嘴——由醋酸纤维素和 Myria 纸结合在一起构成的二元过滤嘴问世
1980 年	过滤嘴卷烟在世界卷烟市场大为畅销,中国第一次进口卷烟过滤嘴

2.3.3 滤嘴材料

滤嘴的发展史本质上是滤嘴材料的发展史,数十年来,人们对卷烟提出了更高的要求,这其中就包括滤嘴及其材料。在滤嘴的发展历史中出现过多种多样的材料,包括但不限于醋酸纤维素纤维、聚丙烯纤维、黏胶纤维、植物纤维、海泡石纤维、Lyocell纤维、聚乳酸纤维等(见表2-2)。以上几种材料各有特点,目前以醋酸纤维丝束制备的滤嘴最为常见。同时随着合成技术及功能材料的发展,卷烟滤嘴已从传统材料滤嘴发展至多种新型材料滤嘴。

表 2-2　几种常见的滤嘴材料及其优缺点

滤嘴材料	优　点	缺　点
醋酸纤维素纤维	优良的弹性和热稳定性;无毒、无味;耐冲击、耐油;不带静电、吸阻小;截留效率高	资源有限,生产工艺复杂,成本较高
聚丙烯纤维	密度小、强度高、延展性好;回潮率低且化学性能稳定;能更好地拦截烟气中的自由基;成本较低	对烟气中的酚类物质吸附量较低,成棒率、滤嘴接装率、硬度及气阻均较低
纤维素纸	来源广泛、价格低廉;易加工、易成型	抽吸过程中易受潮变软,截留率低
聚乳酸纤维	全生物降解、绿色环保;较强的吸附截留能力	优质聚乳酸成本较高,加工性较差,高温下易变形

2.3.4 醋酸纤维丝束滤嘴成型工艺

醋酸纤维素由于具有无毒、无味、吸湿性能好、截留效率高等优点,一经问世就成为主流滤嘴材料的最优选择,是再生纤维素纤维中仅次于黏胶纤维的第二大品种。醋酸纤维素又称为乙酸纤维素,其分子式为$[C_6H_7O_2(OCOCH_3)_x(OH)_{3-x}]_n$ $(n=200\sim400)$,是由纯化的纤维素木浆粕与醋酸酐在浓硫酸做催化剂的条件下反应生成的纤维素醋酸酯,其反应的实质是纤维素葡萄糖环中的醇羟基(—OH)被醋酸酐中的乙酰基(—COCH₃)取代。醋酸纤维素进一步经干法纺丝可制得醋酸纤维素纤维。通常,醋酸纤维素纤维根据羟基取代度的不同可分为二醋酸纤维素纤维(羟基取代度为74%~92%)和三醋酸纤维素纤维(羟基取代度为92%以上)。相较于三醋酸纤维素纤维,二醋酸纤维素纤维具有非晶态开孔结构,同时二醋酸纤维素经验证能显著降低烟气中的焦油及亚硝酸胺等有害成分,故而成为烟用滤嘴的首选材料。

2.3.4.1　醋酸纤维素纤维的主要生产工艺

醋酸纤维素纤维的生产是将纤维素(木浆粕或棉浆粕)与无水醋酸(醋酸酐)在反应釜中汇合,经乙酰化制成三醋酸纤维素,然后将三醋酸纤维素溶解在二氯甲烷中,经干法纺丝制成三醋酸纤维素纤维。如果将三醋酸纤维素水解,则可生成二醋酸纤维素,将二醋酸纤维素溶解在丙酮溶剂中进行抽丝,可制得二醋酸纤维素纤维(纤维丝束)。二醋酸纤维素纤维的生产工艺包括醋片单元、稀醋酸回收单元、丝束单元和丙酮回收单元。其主要生产流程如图 2-7 所示。

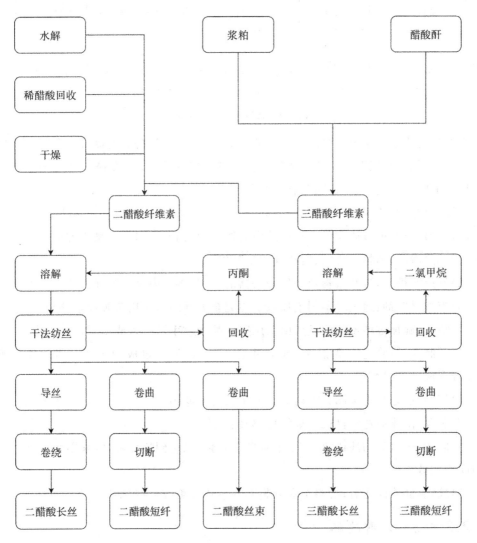

图 2-7　二醋酸纤维丝束生产流程

2.3.4.2　醋酸滤棒成型工艺

滤棒成型的工艺流程是指将醋酸纤维丝束加工成合格滤棒所经过的加工工序以及这些工序间的关系。工艺流程必须具备其合理性：能制造合格的滤棒产品；制造单位产品所消耗的物化劳动和活劳动尽可能地少；必须科学、合理，技术上先进，实践中可行；能够实现安全文明生产。

滤棒成型工艺路线如图 2-8 所示。

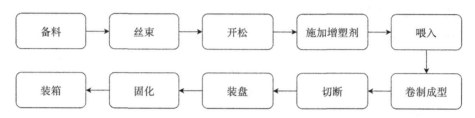

图 2-8　滤棒成型工艺路线

完整的滤棒成型系统至少应由三部分组成：开松机、成型机、装盘机。每一部分完成不同的工艺任务，共同形成一套连续的工艺。开松机完成"丝束开松"及"增塑剂施加"；成型机完成"卷制成型"及"切断"；装盘机完成"装盘"。

滤棒成型工艺流程简介如下：

(1)备料：将丝束包放在丝束行进的中心线上，且铺丝方向与成型机方向一致。同时将成型纸、热溶胶、内粘接线胶、增塑剂准备到位。

(2)丝束开松：通过开松辊及空气开松器的作用，将丝束完全展开。

(3)施加增塑剂：通过增塑剂施加系统向完全展开的丝束均匀施加增塑剂。

(4)喂入：施加过增塑剂的丝束由高压空气喷嘴收束后喂入成型舌。

(5)卷制成型：将空气喷嘴喂入的丝束进一步收拢，通过成型枪部分时被成型纸包裹，黏合形成圆棒状滤条。

(6)切断：滤条在刀头部分被切分为一定长度的滤棒。

(7)装盘：滤棒通过装盘机收集整理，分装入小盒。

(8)固化：装盒后的滤棒放置 24 小时自然固化，以达到最佳硬度(采用快速甘油时固化时间相应减少)。

(9)装箱：滤棒固化后，滤棒小盒分装入外包装大箱，运往各烟厂。

2.3.4.3　特种滤棒

所谓特种滤棒，是指区别于传统滤棒的特殊滤棒。目前烟草行业形成了特种滤棒的行业标准，即 YC/T 223 系列，包括醋纤沟槽滤棒等。下面将介绍几种典型的特种滤棒，如表 2-3 所示。

表 2-3　典型的特种滤棒

特种滤棒名称	图　示	说　明
香料线滤棒		香料线滤棒是将一根或数根含有一定剂量香料的特殊纤维线加在滤棒中心位置,可以确保香料向整个滤棒均匀散发。香料线滤棒能够满足不同特性的液态香料添加。一些有选择性吸附功能的纤维材料或液态减害降焦添加剂也可以采用这种方式加入滤棒
笑脸滤棒		笑脸滤棒的笑脸图案由两根天然织物纤维组成眼睛,一条纸带组成嘴形,赋予滤嘴一种独特的视觉外观。天然织物纤维可作为液态添加剂的载体,也可采用特种纤维直接参与烟气过滤,选择性吸附烟气中的有害物质,为减害补香提供一个新的途径
旋转滤棒		旋转滤棒是一种可以扭转一定角度的滤棒。使用旋转滤棒的香烟是一种由消费者自主控制的、实现较低焦油含量的、具有较高香气的卷烟新品种
凝胶滤棒		在常温下,凝胶滤棒中的凝胶带为固态,有效锁定及保持香味成分不释放,而在抽吸时,卷烟烟气的热量使凝胶融化实现香气的释放,可体现卷烟鲜明的风格特征,为卷烟增香保润与实现产品差异化提供一种新的途径
爆珠滤棒		爆珠滤棒是将包裹了香料的爆珠嵌入滤嘴丝束中的固定位置。在吸食采用爆珠滤棒生产的爆珠滤嘴卷烟时,吸烟者可以选择挤破香珠让香料溢出成为加香卷烟,也可以选择不挤破香珠作为常规卷烟吸食。双爆珠卷烟更能同时提供两种及两种以上的口味,或者实现增香保润的双重功能

特种滤棒名称	图　　示	说　　明
中空异形滤棒		中空异形滤棒是在醋纤滤棒芯的中间成型一个规则的空洞,这个空洞常常设计成具有一定含义的符号,如太阳神鸟、五星、字母、月牙、三角等,是一种看得见的滤棒新技术,为卷烟打造一个突出的亮点。中空异形滤棒通常为二元复合,抽吸端为中空部分,近烟丝端可选含有减害材料的有色丝束,这样烟支的滤嘴端面就能看见一个彩色的几何形状,赋予烟支个性十足的外观

2.3.5　加热卷烟的滤嘴适配性浅析

据相关文献资料记载,加热卷烟的发烟方式、发烟介质及气溶胶成分与传统卷烟相比均存在较大差异。加热卷烟通过加热蒸馏方式产生气溶胶,与传统卷烟相比,气溶胶中化学成分的种类减少,释放量也呈降低趋势。温度对加热卷烟的烟气成分有重要影响,当热源温度在 300 ℃左右时,烟气中的主要成分是甘油、丙二醇、烟碱和水分;当热源温度超过 500 ℃时,烟气中除香气物质和烟碱外,还含有大量的甘油酯。

基于此,研究人员认为以截留吸附为设计出发点的滤嘴并不一定适用于加热卷烟,但加热卷烟的滤嘴适配性研究却鲜有报道。就最新的研究现状而言,超高单旦丝束滤嘴成为国内外主流烟草公司新的追求。

在滤嘴丝束的研究中常提到总旦和单旦的概念,旦是纺织业中的一个重量单位,也常用于形容丝束纤维的细度。单旦(denier)指的是 9000 米长度的纤维的重量,对于同种材料而言,旦数越小,纤维越细。总旦指的是一定丝束下所有纤维单旦的总和。因此,在相同的总旦数量下,单旦越高,纤维越粗且纤维数量越少,故而表现出低吸阻、低截留的特性。

加热卷烟的一个共同缺点是相较于传统卷烟发烟量不足,因此提高发烟量是加热卷烟行业的一大技术难点,除了改善再造烟叶发烟性能以及提高发热体温度外,就材料而言,降低烟气的吸附、减少总粒相物的截留至关重要,其中改善滤嘴的截留量效果最为明显。因此,越来越多的烟草公司将传统的低单旦丝束滤嘴替换成了高单旦丝束滤嘴甚至超高单旦丝束滤嘴。其可行性在于:传统卷烟较多使用低单旦丝束滤嘴的根本原因是截留更多的有害物质,而加热卷烟烟气中的有害物质无论是种类还是量级都远少于传统卷烟,因此使用低吸阻、低截留的超高单旦丝束滤嘴从健康角度提供了可行性。

目前已知,四川中烟、云南中烟等公司的加热卷烟应用了超高单旦丝束滤嘴;菲莫国际的"万宝路"加热卷烟的滤嘴丝束单旦数在 12 到 20 之间。

2.4　降　温　段

2.4.1　概述

加热卷烟以密闭加热代替燃烧使烟草成分蒸馏和裂解释放烟气,且加热温度在 200～400 ℃,因此其产生的有害成分减少、无阴燃,有害成分释放量相对较低,但与此同时,其释放烟气量较少,烟气浓度较低。为满足吸烟者的需求,此类卷烟一般长度较短、烟气吸阻较低,以改善烟气口感,但这种设计不可避免地会使得入口烟气温度略高,这也是加热卷烟最后两口的烟气也会"烫口"的原因。有资料表明,传统卷烟的烟气之所以未让消费者感觉灼热,是因为烟气相对干燥,而加热卷烟虽然加热温度低,但烟气含水量高,且烟气通路缩短,到达口腔的主流烟气感官温度要高于传统卷烟。

目前国内外在此方面进行了大量研究,研究成果主要以专利的形式呈现,其降温措施主要集中在采用特殊的降温材料和设计特定的降温结构两方面。对于降温段,除了降温的主要目的外,针对卷烟的品类和口味,还会赋予其增香补香的功能,尤其是对于薄荷口味的卷烟产品,在降温段或提供含薄荷香精的香线,或将薄荷香精喷注在降温材料表面,以提高逐口稳定性和前后一致性。

加热卷烟的生产对温度的把控有着较高的要求。一方面,加热器具的温度设置过高容易将产香材料烤煳,热量还未均匀传导就已经将中心位置的产香材料过度烘烤,同时较多地浪费了热能,而温度设置过低往往起不到加热效果,将严重影响烟雾的生成,一些特殊的保温材料由此应运而生,包括包裹发烟段的铝箔纸和一些新型保温隔热材料;此外,温度高低对烟支感官有显著的影响,尤其是香味物质的释放。另一方面,希望入口的烟气没有明显的"烫口"现象,这就对降温材料有着极高的要求,同时希望在实现烟气降温的前提下,对气溶胶的生长、香味物质成分的影响尽可能小。

综上所述,降温材料的选择和应用需要综合评判,在强调降温的同时不应该忽视烟气感官品质,此外,由于材料成分和成型的复杂性,安全性评价将成为考核降温材料可行与否的重要手段之一。

2.4.2　降温的热力学基础

2.4.2.1　热传递的三种形式

在绝大多数的《热力学》教材中这样定义热量:热量是热力系与外界相互作用的另一

种方式,在温差的推动下,以微观无序运动方式通过边界传递的能量。热量传递的基本方式有三种:热传导、热对流、热辐射。

热传导:又被称为导热,即温度不同物体(一般是固体)相接触传递热量。具体是指当不同物体之间或同一物体内部存在温度差时,会通过物体内部分子、原子和电子的微观振动、位移和相互碰撞而传递能量的现象。热传导是大量分子、原子等相互碰撞,使物体的内能从温度较高部分传至温度较低部分的过程。热传导是固体热传递的主要方式,在气体和液体中,热传导往往与对流同时进行。导热材料种类众多,目前广泛应用的导热材料包括合成石墨材料、导热填隙材料、导热凝胶、导热硅胶、相变材料等,其性能及技术特点见表 2-4。

表 2-4 常见的导热材料及其技术特点

产 品 类 型	技 术 特 点
合成石墨材料	各向异性和均热性能优良,平面方面的导热系数高
导热填隙材料	导热系数范围广;高黏性表面,减少绝缘阻抗;长时间工作热稳定性好;柔性,且具有优异的电绝缘性
导热凝胶	质软且对器件反作用较小,低热阻,优异的电绝缘性
导热硅脂	高热导系数,低热阻,优良的表面润湿性
导热相变材料	低总热阻,具有自黏性、高可靠性,固态状易处理

热对流:由于流体的宏观运动,冷热流体相互掺混而发生热量传递的方式。这种热量传递方式仅发生在液体和气体中,由于流体中的分子同时进行着不规则的热运动,因此对流必然伴随导热。对流是靠液体或气体的流动,使内能从温度较高部分传至温度较低部分的过程。对流是液体和气体热传递的主要方式,气体的对流比液体明显。对流传热系数代表对流传热能力。影响对流传热系数的主要因素有引起流动的原因、流动状况、流体性质、传热面性质等。对流传热系数可由理论推导、因次分析、实验等方法获得。

热辐射:物体通过电磁波来传递能量的方式称为辐射,辐射有多种类型,其中因热的原因而发出辐射能的现象称为热辐射。自然界中的热交流方式皆在其中,没有例外。热辐射是物体不依靠介质,直接将能量发射出来,传给其他物体的过程。热辐射是远距离传递能量的主要方式,如太阳能就是以热辐射的形式,经过宇宙空间而传给地球的。

热传递的实质是内能从温度高的物体传递到温度低的物体,热传递的产生必须要求两个物体必须有温度差。对于加热卷烟中的热传递而言,以上三种方式都有。以万宝路的电加热卷烟降温材料聚乳酸膜为例进行分析:热烟气的成分复杂,绝大多数是气态的热空气和水蒸气,以及少量的固体粒相物和液态的小液滴;烟气经过聚乳酸膜孔道,存在很大比例的冷热气体的对流热交换,降低了一部分烟气温度;同时热气体与冷的聚乳酸膜进行辐射热传递,热的粒相物和液滴与冷的聚乳酸膜进行热传导,聚乳酸膜受热后自身产生热传导,由于相变作用吸收绝大多数的热量。以上是对聚乳酸降温过程的简单介绍,具体的热传递过程更加复杂。在实际应用中,往往忽略传递过程而是更加重视"热量去了哪里",答案就是聚乳酸相变吸热,于是更多的研究集中在相变材料本身,这也是加热卷烟降温研究往往侧重于材料研究的原因。

2.4.2.2 相变热力学基础

加热卷烟的降温材料大多使用相变材料,以聚乳酸材料为主流。因此了解一些相变热力学知识有助于我们对加热卷烟中降温材料的选择与应用有更深层次的理解。

凡均匀一相内出现具有界面的另一相——两相可能具有不同的组成、结构、对称性、形态或性质时即称为相变,而物质从一个相转变为另一个相的过程即称为相变过程。相变过程既可以是纯物理过程也可以是物理过程和化学过程。利用相变材料进行温度控制,简单来说就是利用物质在升降温过程中的吸热或放热进行能量的储存和温度调控。

相变种类繁多,可按不同的方式进行分类。

(1)按材料相态的变化方式一般分为四类:固-固相变、固-液相变、液-气相变和固-气相变。

(2)按热力学分类,相变可分为一级相变和多级相变。

一级相变是指化学位的一阶偏微分在相变过程中发生突变的相变;二级相变是指在相变过程中,化学势的一阶偏微分相同,二阶偏微分在相变过程中发生突变的相变。

(3)按原子迁移特征分类,相变可分为扩散型和无扩散型。

扩散型相变是指原有原子的邻居关系被破坏并且溶体成分发生变化;无扩散型相变是指无原子扩散,或虽存在扩散,但不是相变所必需的或不是主要过程。

(4)按相变方式分类,可分为不连续相变和连续相变。

不连续相变(形核-长大型):相变分形核、长大两个阶段进行,新相和母相之间有明显的相界面。

连续型相变(无核型):相变在整个体系内通过原子较小的起伏,经连续扩展而进行,新相和母相之间无明显相界面。

根据材料性质的不同,相变蓄热材料一般可分为有机类、无机类及混合类相变蓄热材料。高分子相变材料具有储热容量大、容易制成各种形态、可以直接用作系统的结构材料等特点,并且不具有无机类固-固相变材料"过冷"与"析出"的缺陷,从而成为相变蓄热材料最有发展前途的研究领域。

高分子固-固相变材料的工作原理主要是在晶型转变时可逆吸热,主要包括高分子交联型结晶聚合物相变材料和醇类及层状钙钛矿物质复合材料及部分接枝共聚物。

2.4.3　主流降温材料

就加热卷烟而言,在烟支中适宜地使用降温材料是一项简单可行的方案。降温就是把系统内不想要的热量传递出系统外,有两种实现方式。一种是把热量"隐藏"起来,这种"隐藏"其实已经把热量排除在系统外了,以相变蓄热材料为代表;另一种是把热量快速传导出去,以导热材料为代表。就加热卷烟而言,相变蓄热材料具有更好的应用前景,而导热材料受条件所限普及难度较大。

蓄热材料是一种能够储存热能的新型化学材料,该材料在特定的温度(如相变温度)下发生物相变化,并伴随着吸收或放出热量,可用来调节周围环境的温度,或用以储存热能。它把热量或冷量储存起来,在需要时再释放出来,从而提高能源的利用率。

相变蓄热材料利用物质在相变(如凝固/熔化、凝结/汽化、固化/升华等)过程发生的相变热来进行热量的储存和利用。相变蓄热材料蓄热密度高,能够通过相变在恒温下放出大量热量。虽然气-液和气-固转化的相变潜热值要比液-固、固-固转化时的潜热值大,但气-液和气-固转化的相变过程中存在容积的巨大变化,因此很难应用于实际工程中。根据相变温度的高低,潜热蓄热可分为低温和高温两种。低温潜热蓄热主要用于废热回收、太阳能储存以及供热和空调系统。高温相变蓄热材料主要有高温熔化盐类、混合盐类、金属及合金等,主要用于航空航天等。

相变蓄热材料具有蓄放热过程近似等温、过程容易控制等优点,是当今蓄热材料的研究热点。1992 年,法国首次研制出用于储存能量的小球,把球态可变盐盛装在聚合物小球中,然后把小球盛装在可变体积的容器里,蓄热量为同样体积的水的 10 倍。近年来,有机/无机纳米复合材料在聚合物改性以及新型蓄热材料研制方面得到了广泛应用。

2.4.3.1　聚乳酸相变材料

前面介绍滤嘴段的时候,多次提及聚乳酸。因为聚乳酸材料具有优良的降温效果,许多烟草公司将聚乳酸用于降温段,是加热卷烟进行烟气降温的核心结构段。

菲利普莫里斯公司(PMP 公司)最早提出利用有褶皱的聚乳酸薄膜作为气雾冷却元件,将其折叠聚集形成多条纵向延伸的通道后包裹在包裹材料中形成柱状滤棒。一方面高温烟气在穿过聚乳酸聚合体时会使其达到玻璃化转变温度,聚乳酸发生玻璃化转变吸热,消耗烟气热能;另一方面烟气中的水蒸气经过聚乳酸聚合体时会在其表面凝结,使烟气被干燥,感官温度较湿润烟气低。经测试,该冷却元件可使入口烟气温度降低 14～23 ℃。

在聚乳酸薄膜的实际使用中,研究人员发现聚乳酸薄膜与高温烟气接触发生玻璃态转变后会出现熔化黏结现象,最先接触烟气的薄膜端粘连和塌陷严重,甚至堵塞纵向延伸的烟气通道,烟气不再流经聚乳酸薄膜内部,降低了烟气与冷却元件的接触面积,导致烟气温度过高,吸阻过大,烟气浓度受到影响,消费者抽吸品质下降。为改善这一问题,可在聚乳酸薄膜降温段纵向贯穿开孔,有利于薄膜熔融收缩后留下的空间和后段薄膜的孔形成烟气通道,保持烟气通道的顺畅性;还可通过在薄膜表面(一面或两面)覆盖透气性和导热性良好的多孔支撑材料加以改善。

聚乳酸材料作为加热卷烟降温材料,有着以下几点明显的缺点:①聚乳酸相变熔值较低,且相变单一,降温效果有限;②聚乳酸膜硬度较大,加工性能不佳;③聚乳酸膜生产成本较高;④聚乳酸膜在抽吸后出现热收缩、热塌陷,消费体验感差。具体实物见图 2-9。

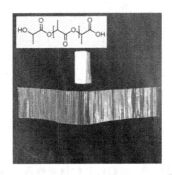

图 2-9　万宝路的加热卷烟降温段聚乳酸材料

作为各烟草公司相变降温材料的首选,各类形态的聚乳酸材料均可用于加热卷烟的烟气降温,表 2-5 列举了使用聚乳酸作为降温材料的相关专利及其降温效果。

表 2-5　几种基于聚乳酸的降温材料

聚乳酸形式	降温幅度/℃	申请(专利)号	专利所属
聚乳酸膜	/	CN201710785572.9	云南中烟工业有限责任公司
聚乳酸实心几何体	≥11	CN201810919116.3	云南巴菰生物科技股份有限公司
聚乳酸颗粒	20	CN201811128515.4	湖北中烟工业有限责任公司
聚乳酸丝束	10~20	CN201811558872.4	湖北金叶玉阳化纤有限公司
聚乳酸丝束编织管	/	CN201980063777.3	韩国烟草人参公社

2.4.3.2　柔性多级相变材料(MPCM)

由于聚乳酸相变单一,各家公司为确保材料高效降温,致力于开发多级相变材料。从广泛意义上讲,相变降温是指利用相变材料处于高于其相变温度的环境中或与温度高于其相变温度的物体接触时,会吸收热量进行相态转变的特性,使高温环境或物体温度降低而自身温度接近等温的过程。而多级相变是指在一个降温过程中单一组分材料经过多次相变或者多种组分经过各自的单一相变。一般来说,降温材料在加热卷烟烟气

200 ℃附近开始发挥作用,而在该范围内产生一次以上相变的材料较少,因此更多的烟草公司采用多组分降温材料共混的形式制备全新的多级相变材料,这些材料包括聚乙二醇、石蜡、聚丙烯等。

以四川中烟的多级相变降温膜纸为例,该材料为行业首发,将膜纸复合技术应用于降温材料,并在行业内首次提出降温材料从"单一相变"到"多级相变",从而达到宽温域快速精准降温。其制备过程以三种或多种相变功能材料、交联剂、增溶剂为原料,通过熔融共混及造粒工艺,采用流延法制备成膜。图 2-10 为多级相变材料制备过程示意图。

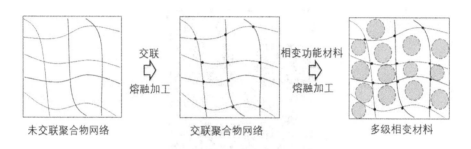

图 2-10 多级相变材料制备示意图

膜材制备完成后与特定的纤维素纸粘接复合在一起,从而制备出一面为纸、一面为膜的多级相变复合降温材料。其中膜材主要起到降温作用,相比于聚乳酸材料而言,不仅可以在较为宽泛的温度范围内发挥作用,还可以在低温度范围内实现相变吸热降温,具有超高降温性能。而纸面很好地利用了纤维素纸的高吸附性能,在某些口味的烟支产品中,香精香料可以以喷注的形式施加于该面,在抽吸过程中较好地补充了香味成分。该技术是四川中烟首创,同时在国内外均申请了若干项相关专利。图 2-11 为四川中烟膜纸降温段制备流程。

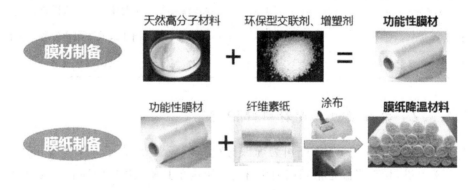

图 2-11 四川中烟膜纸降温段制备流程

2.4.3.3 相变水合盐

除了常规的相变材料,凡是能够带走热量的材料理论上都可以实现降温,比如水性降温材料。液态水的比热容为 4.2×10^3(J/kg·℃),是一种天然高效的蓄热材料,因此蒸发降温是一种较为有效和低廉的方法。一般需要通过特定手段将液态水进行封装后在加热卷烟中作为降温材料使用。另外,有一类化学物质溶于水时会发生吸热反应,主要是铵盐和硝酸盐类物质,如硝酸铵、硝酸钠、亚硝酸钠等,可利用这一特性进一步强化加热卷烟的烟气降温。结晶水合盐也是一类常见的无机低温固-液相变材料,常用十水硫酸钠、十水四硼酸钠、七水合硫酸亚铁等,浸渍到膨胀石墨中,经干燥、结晶后添加到滤棒的纤维丝束里。表 2-6 列举了相变水合盐的一些代表材料。

表 2-6 可降温的相变水合盐

降 温 材 料	降 温 原 理
含水热敏胶囊	胶囊遇热破裂释放液态水,蒸发降温
分子囊化保湿剂涂层	涂覆在卷烟纸表面,可降低烟气灼热感与刺激性
尿素/水	液态水封装在易碎明胶化合物胶囊中,胶囊外层为被高抗破裂弹性橡胶载体封装的尿素,抽吸时捏破内层封装,二者相遇发生吸热反应,降低烟气温度
遇水吸热盐类化合物/液态水	盐类化合物装在外层封闭软质塑料管内,液态水装在其内两端封闭的玻璃薄管内,使用前通过折弯使玻璃薄管破裂,水分流出与盐类化合物混合吸热,降低烟气温度
封存乙醇的易碎胶囊	利用冷却液蒸发的显热降温,泄漏的冷却液可被周围填充的吸湿性与湿强度良好的褶皱卷烟滤纸吸收
存有水或葡萄糖的液冷通道	烟气通过储存有水或葡萄糖的曲折通道后进行换热降温

2.4.4 降温段结构设计

合理设计降温段结构可以提升烟气的降温效果,如利用空腔缓冲储热、加长烟气通道、加强烟气与外界环境的热交换等。

2.4.4.1 空腔结构

理论上烟气的流通过程就是自然冷却的过程,即便不采取其他降温措施,只要距离够长,中空空腔也能实现降温的目的,此外,中空空腔结合通风孔使用,能够进一步提升气溶胶冷却速率,提高入口烟气舒适度。表 2-7 列举了一些典型的空腔降温结构。

表 2-7　典型的空腔降温结构

专 利 名 称	结 构 形 式
一种低吸阻低截留非燃烧卷烟及其配合使用的发热装置	烟丝段与醋酸纤维段之间设置由耐热硬质材料制成的中空缓冲段用于烟气降温,也可在其上靠近嘴端一侧及对应位置外包成型纸上均设置沿圆周分布的通孔,进一步强化冷却过程
A cartridge assembly with ventilation airflow	在分流段与嘴端之间间断设置空腔混合室,并设置通风孔,使高温烟气进入口腔前进行充分混合稀释
Aerosol-cooling element and arrangements for use with apparatus for heating a smokable material	在有一定刚度的实心柱体内形成从中心向径向扩散的沿轴向基本平行的大部分具有六边形截面形状的通孔,或在柱状棒内插入彼此平行且纵向延伸贯穿的中空管
一种具有降温段的低温卷烟	空腔段与多空腔段配合使用,还可通过在空腔内加入气流挡板,加强烟气的碰撞与热量损失
一种超低吸附型降温功能复合滤棒	在垂直于空腔轴心的方向设截流隔板,隔板上设节流通孔,高温烟气通过空腔时,在各区域内形成缓冲扩散与节流压降

2.4.4.2　延长烟气通道

虽然使用空腔在一定程度上能实现加热卷烟烟气降温的目的,但降温效率有待提升,且有效降温是建立在空腔达到一定长度的基础上,而这会导致卷烟总长过长,进而带来烟气浓度的下降,影响抽吸感受。因此要在卷烟总长一定的前提下加长烟气通道,同时可进一步配合使用降温材料,实现降温幅度的提高、降温速度的加快。表 2-8 列举了一些典型的空腔降温结构和特殊材料联合降温案例。

表 2-8　典型的空腔降温结构和特殊材料联合降温案例

专 利 名 称	结 构 形 式
Aerosol generating device	用平行于横截面的螺旋形弯曲通道作为烟气冷却通道,通道表面还设有周期性隆起的突出部,更有利于烟气碰撞换热,加大烟气降温幅度
气溶胶产生物品	采用纤维束编织管降温结构,编织管至少含一个纵向直通通道,可用于填充纤维束、直径适宜的另一纤维编织管或卷曲的相变纤维材料片,强化烟气冷却效果

续表

专 利 名 称	结 构 形 式
一种卷烟用降温嘴棒及应用	降温段为内设三个及以上(奇数)子腔体的管状结构,每个子腔体内设有多个交错分布的平行折流件,N 个子腔体首尾依次连通,组成一个整体折流通道
具有过滤结构的加热不燃烧香烟	滤嘴加工成螺旋形空心管,其空腔为螺旋形烟气流道,使烟气能在其内螺旋流动,增长烟气流道,快速降低烟气温度;滤嘴也可采用多孔柱状材料加工成的实心螺旋形结构,且螺旋形结构表面经热塑处理或其他处理,使其表面除螺旋形流道外的部分均不透气,螺旋形结构表面的烟气只能沿螺旋流动,增长烟气流道,快速降低烟气温度
一种加热不燃烧卷烟降温嘴棒的生产工艺	滤棒包卷纸经加温、压皱、成型工艺后,在其表面形成凸凹不平的褶皱,使高温烟气的流动路线由原来的直线形转变成曲折的波浪形,加长烟气流通通道,降低烟气的温度

2.4.4.3　文丘里管降温结构

文丘里管是指沿纵向横截面由大变小再变大的管状体,也可将其应用于加热卷烟的烟气降温领域。一方面,高温烟气在流通过程中经历由粗变细再变粗的过程时,将先后经过压缩和膨胀两个状态实现冷却;另一方面,烟气在通道由细变粗的瞬间会形成较强的负压,如果与高透成型纸配合,将有利于外界冷空气进入烟道与烟气混合,从而降低烟气温度。文丘里管降温结构见图 2-12。

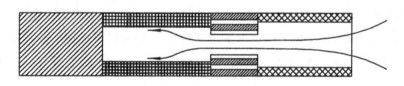

图 2-12　一种典型的文丘里管降温结构

2.4.4.4　颗粒

在部分草本加热卷烟中,有使用颗粒状的降温材料。一方面通过材料本身的相变实现降温;另一方面通过颗粒堆叠延长烟气通道,达到降温的目的。此外,该材料还有附加作用,即更容易实现增香补香的功能,具体可通过特定香精的浸泡实现。此外,将降温材料替换成多孔的特异性吸附材料,可在牺牲一定降温效果的同时,实现烟气物质的特异性吸附。

2.4.4.5 降温段发展方向浅析

目前国内外加热卷烟降温措施主要集中在添加吸热降温材料和设计降温结构两方面,基本能满足降温需求,但仍有一定的提升空间,未来可从以下几个方面进行深入研究,进一步提高降温幅度及效率。

首先,目前应用较为成熟的降温材料主要有聚乳酸,主要是利用其玻璃化转变过程吸热降温,一方面成本较高,另一方面其相变潜热会造成一定的浪费。未来可加大对低成本、高吸热效率、安全无污染降温材料的开发。

其次,本文提及的降温结构大多是较为复杂的复合结构,可对其进行进一步简化,以达到所需的降温效果。同时,为实现理论向实际应用的转化,还需进一步考虑降温结构的可实现性与可操作性。

最后,上面提到的国内外烟草企业专利,除少数有关降温措施的专利外,大多缺乏市场应用与实践,且专利中涉及的参数及优化调整也较少,未来需针对上述降温措施的实际应用效果进行模拟和表征,针对重要参数进行必要的测试与优化。

2.5 隔 离 段

紧靠发烟段的下一段称为隔离段。在诸多的加热卷烟中,除了滤嘴,常常将隔离段和降温段也称为过滤段;而隔离段也在一定程度上具有降温作用,因此也常被归为降温段,例如前边提到的空腔降温段也可以叫作隔离段。在本小节中论述的隔离段具有两个明显特征:①明显有别于过滤和降温作用的结构段,其主要作用是支撑烟支结构;②排除烟气温度过高带来的不利影响,例如材料的热塌陷和异味。

在外围加热型加热卷烟中隔离段的概念被弱化,而更加突出降温段和滤嘴段。对于需要中心加热的卷烟,无论是无序烟支还是有序烟支,隔离段都显得十分重要,其中以醋酸纤维制备的中空异形滤嘴和纸管或高分子材料管制备的大气流空管最具有代表性。

2.5.1 醋酸纤维中空异形滤嘴

菲莫国际的万宝路加热卷烟隔离段是醋酸纤维制备的中空异形滤嘴(图 2-13)。所谓中空异形滤嘴,多指厚壁的中空管,一方面为烟气提供一定的气流通路,在一定程度上降低烟气温度,另一方面厚壁的醋酸纤维滤嘴具有一定的弹性,为后续的结构段复合提供良好的条件。该滤嘴就成型方法而言比较成熟,同时醋酸纤维是烟草行业使用较多的材料,保障了材料的安全性。

但是醋酸纤维材料也有明显的不足。隔离段的最高温度在 250 ℃左右,因为隔离段离加热区域较近,且醋酸纤维的耐高温性能并不突出,抽吸到后段会产生轻微的焦煳味,

图 2-13　万宝路的醋酸纤维中空异形滤嘴

另外,在烟支抽吸完后该材料会产生轻微的热塌陷并且会呈现焦黄色,给消费者带来不良的消费体验。

2.5.2　空管材料

一般来说,内部具有较大孔道的结构段都称为大气流管状功能材料,空管类材料作为大气流管状功能材料的代表之一,与菲莫公司所用的中空异形滤嘴相比,在提供大气流通道的同时,可迅速降低烟气温度,具有烟气吸附少、增香功能等优势特点。其中最具有代表性的是纤维素纸管,以四川中烟开发的低吸附空管为代表;此外,一些注塑成型或挤出成型的高分子管也有所应用,其中以淀粉管为代表。

2.5.2.1　纤维素纸管

纤维素纸管可作为烟草行业的第一代大气流管状功能材料。经测温实验发现,高温烟气经过有空管的隔离段时,温度骤降 150 ℃ 左右,达到了短程内快速降温的效果。烟气在宽窄加热卷烟中流动时各段温度分布如图 2-14 所示。

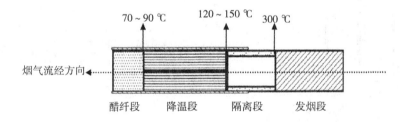

图 2-14　烟气在宽窄加热卷烟中流动时各段温度分布示意图

一方面,纤维素纸具有强吸附性能,会截留烟气中一定量的香味成分,可以对其吸附性能进行利用,在纸管制备过程中添加特定的香料,从而制备出增香空管,补充且增加烟气的香味成分。另一方面,纤维素纸具有强吸水性,烟气中的水分损失过多会造成烟气干燥,在抽吸过程中容易引起呛咳。四川中烟针对性地开发出了一种低吸附空管,该项技术基于大自然中的"荷叶效应",先制备出纤维素基的超疏水涂层,之后采用淋膜工艺将其涂覆在纸管的内层纸上,提升了纸管对水蒸气的阻隔性以及液态水的吸附性。常见的加热卷烟用纸管如图 2-15 所示。

图 2-15 常见的加热卷烟用纸管

图 2-16 为纸管的成型设备。纸管一般由 3～5 层的纸带经粘接、螺旋成型、分切和烘干等工序制备而成。其中最外层的纸和内层纸有所区别,最外层的纸有一面需要做特殊处理,明显比其他层的纸粗糙度要低,将其卷制后作为纸管的最外层,方便后续结构段的复合成型。

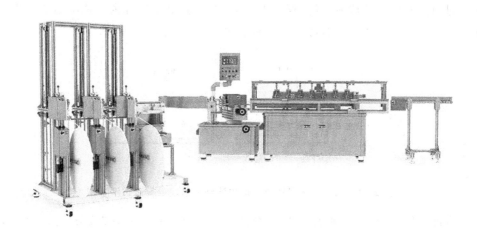

图 2-16 纸管成型设备

2.5.2.2 高分子管

有序加热卷烟中的再造烟叶丝较短,在排列紧密度上不如传统卷烟,当烟支受到磕碰或者受加热体的顶出影响时,一部分再造烟叶丝会落入隔离段,因此整体空心的管状隔离段(如纤维素纸管)的表现不如人意。通过设计,在中空的孔道内设置一定的阻隔可以较好地避免再造烟叶顶出。而高分子材料便于加工,且具有良好的耐高温性能,因此非常适合做隔离段材料。常见的用于隔离段的高分子材料有淀粉、聚乳酸、聚乙烯、聚丙烯等。有良好降温功能的高分子材料也常应用于降温段中。

参 考 文 献

[1]董高峰,田永峰,尚善斋,等. 用于加热不燃烧(HnB)卷烟的再造烟叶生产工艺研究进展[J]. 中国烟草学报,2020,26(1):9.

[2]黎冉,张欣,刘雪光. 我国造纸法再生烟草薄片生产技术研究进展[J]. 广东化工,2016,43(22):2.

[3]尚善斋,雷萍,吴恒,等. 造纸法烟草薄片的研究进展[J]. 纸和造纸,2015,34(4):5.

[4]于建军. 卷烟工艺学[M]. 北京:中国农业出版社,2009.

[5]陈超英. 变革与挑战:新型烟草制品发展展望[J]. 中国烟草学报,2017,23(3):14-18.

[6]刘达岸,李鹏飞,刘冰,等. 不同加热非燃烧再造烟叶特性研究[J]. 食品与机械,2018,34(6):26-29.

[7]共青城道乐投资管理合伙企业(有限合伙). 一种加热不燃烧卷烟的加工方法:201710462633.8[P].2017-06-19.

[8]四川三联新材料有限公司,四川中烟工业有限责任公司. 一种加热不燃烧卷烟原料配方设计方法及应用:201910074354.3[P].2019-01-25.

[9]湖北中烟工业有限责任公司. 改进稠浆法加热不燃烧再造烟叶品质的工艺方法及其应用:201811332336.2[P].2018-11-09.

[10]云南中烟工业有限责任公司. 一种用于加热不燃烧卷烟的干法再造烟叶及其制备方法:201711361216.0[P].2017-12-18.

[11]湖北中烟工业有限责任公司. 一种辊压法加热不燃烧再造烟叶的制备方法及其应用:201711273694.6[P].2017-12-06.

[12]广东省金叶科技开发有限公司. 一种加热不燃烧卷烟烟芯材料及其制备方法:201710515435.3[P].2017-06-29.

[13]傅源锋,马早兵,袁岐山,等. 电加热不燃烧烟弹及烟芯材料产品开发综述[J]. 山东化工,2020,49(7):72-76,78.

[14]尹大锋,刘建福,肖飞,等. 稠浆法再造烟叶专用粘合剂的研究与应用[J]. 湖南农业大学学报(自然科学版),2003,29(5):380-382.

[15]广东中烟工业有限责任公司,广东省金叶科技开发有限公司. 烟叶原料组及其在制

备加热不燃烧卷烟方面的应用:201711004700.8[P]. 2017-10-23.

[16]四川三联新材料有限公司. 斗烟丝风味降温调香段的原料配方,其制备方法以及加热不燃烧卷烟基础棒:201810455572.7[P]. 2018-05-14.

[17]四川三联新材料有限公司.一种用于雪茄风格加热不燃烧卷烟产香段的香原料及其制备方法:201810001233.1[P]. 2018-01-02.

[18]河南中烟工业有限责任公司.一种加热不燃烧卷烟薄片制备方法:202010524134.9[P]. 2020-06-10.

[19]红云红河烟草(集团)有限责任公司.一种加热不燃烧卷烟烟芯的制备方法:202010059844.9[P]. 2020-01-19.

[20]广东中烟工业有限责任公司.一种加热不燃烧烟草制品用胶粘剂及其应用:201910782567.1[P]. 2019-08-23.

[21]安徽中烟工业有限责任公司.一种用于加热不燃烧卷烟的雾化剂及其用途:201910382979.6[P].2019-05-09.

[22]湖北中烟工业有限责任公司,武汉黄鹤楼新材料科技开发有限公司.一种雾化再造烟叶加工方法及其应用:201810264780.9[P]. 2018-03-28.

[23]湖北中烟工业有限责任公司,湖北新业烟草薄片开发有限公司.一种具有卷曲结构的加热不燃烧卷烟加工方法:201911118563.X[P]. 2019-11-15.

[24]李冉,宋旭艳,魏敏,等. 含脂肪酸,丙二醇的雾化剂以及加热不燃烧卷烟:202010730487.4[P]. 2020-10-23.

[25]毛多斌,张槐岭,贾春晓.卷烟香味化学[M].郑州:河南科学技术出版社,1994.

[26]《滤棒成型工专业知识》编写组.滤棒成型工专业知识[M].郑州:河南科学技术出版社,2012.

[27]郁忠康.卷烟滤嘴制造与应用技术[M].北京:化学工业出版社,1994.

[28]余翔,石炬,邹志雄等. 滤棒对卷烟主流烟气影响的研究进展[J]. 粮食与油脂,2018,31(12):22-24.

[29]成少锋,林宝敏.烟用滤棒硬度影响因素研究进展[J].华东科技(学术版),2017(1):287.

[30]费婷,陈敏,郑赛晶,等. 醋纤滤嘴对卷烟主流烟气重要酚类的分段截留效应[J].烟草科技,2014,50(1):56-60.

[31]林云.卷烟滤嘴研究进展[J].科技信息,2013(25):1.

[32]陈良元.卷烟生产工艺技术[M].郑州:河南科学技术出版社,2002.

[33]国家烟草专卖局科技教育司.《卷烟》系列国家标准宣贯教材[M].北京:中国标准出版社,1996.

[34]杨厚民.滤嘴的理论与技术[M]. 北京:中国轻工业出版社,1994.

[35]陈良元. 卷烟原料及加工技术[M]. 郑州:河南科技出版社,1992.

[36]胡望云,蔡荣,任炜. 烟气气溶胶与滤嘴的过滤[M]. 昆明:云南科技出版社,2000.

[37]包毅,陈文吉,黄玉川等. 加热卷烟降温载香膜纸复合用原纸特性分析[J]. 纸和造纸,2021,40(3):23-27.

[38]郭新月,杨占平,宋晓梅等. 加热不燃烧卷烟烟气降温技术研究进展[J]. 中国烟草学报,2020,26(3):24-32.

[39]WARK K,RICHARD D E. 热力学[M]. 6 版. 北京:清华大学出版社,2006.

[40]徐瑞. 材料热力学与动力学[M]. 哈尔滨:哈尔滨工业大学出版社,2003.

第3章 加热卷烟成型工艺

以菲莫国际为首的烟草巨头,早在二十世纪九十年代就开始探索加热卷烟,以打造"无烟气未来"为目标,直至今日,一直致力于推动加热卷烟的发展。当下,传统卷烟产销量在国际市场上日渐下滑,发展滞缓,以高科技、消费升级为媒介所诞生的新型烟草正如火如荼地抢占着传统卷烟市场份额,快速上升的销售规模也反映了全球消费者对新型烟草这一新品类事物的认知度和接受度正逐步上升。在过去的3至5年,海外各大烟草巨头将研发投入及战略重心转移至新型烟草领域,烟草公司转型意图可见一斑。目前国际上加热卷烟主要以菲莫国际为代表,主推有序加热卷烟;以英美烟草公司为代表,主推无序外围加热卷烟,其相关的技术专利已经成熟。因此,国内针对加热卷烟的开发和技术突破尤为重要。

为了迎接烟草新时代的到来,近年来,国家局提出以突出中式风格作为加热卷烟产品主攻方向的科技战略,引领各个中烟企业加快加热卷烟的研发和出口工作。自2018年8月以来,上海新型烟草研究院对行业内各单位提交的五十余款加热卷烟产品进行专利风险评估,加热烟支整体侵权风险较低,加热烟具则大多需要对部分结构和功能进行规避设计,方能进一步降低上市风险。

加热卷烟目前主要分为无序、有序两大种类。相对于有序加热卷烟,无序加热卷烟侵权风险更低,更能突出中式风格特征。无序加热卷烟又分为无序内芯加热卷烟和无序外围加热卷烟,两者相似之处较多,只是在加热方式和器具上有所不同,分别为中心针式电加热和外围红外电加热(这两种为常规加热方式,但加热方式不局限于这两种)。此外,以针式加热器具结合无序内芯加热卷烟,更能双向降低侵权风险。在加热卷烟方面要想规避专利侵权风险,成型工艺的掌握尤为关键。

3.1 工艺设计

3.1.1 目标与原则

(1)满足产品设计要求和生产组织需求,尽量以较小的成本制造出质量合格的产品,同时保证年生产计划量。

(2)以产品需求为中心。

(3)统筹考虑上下游工艺,实现协同设计。

(4)融合现代物流技术、信息技术和控制技术,实现卷烟制造智能化。

(5)运用低耗环保技术,实现资源和能源节约,减少环境污染。

(6)采用降焦减害和安全防范技术,提高卷烟产品安全性。

3.1.2 加工方法选择

根据产品规格(有序加热卷烟、无序加热卷烟)、生产设备和产品设计要求等,选择对应的加工工艺方法,包括薄片生产与处理、其他半成品加工、烟支卷接包装、贮存保养等过程环节。

3.1.3 工艺流程设置

(1)应根据产品加工需求,设计工艺流程的工段组成,并确定各工段的工艺任务。

(2)应根据产品加工需求和工段任务,设计各工段的工序组成,可通过设置必选和可选工序,形成不同流程路线。

(3)在满足工段任务的前提下,统筹考虑上下游工序设置,尽量减少工序数量。

3.1.4 工艺参数制定

(1)工艺参数的制定,应以卷烟产品设计要求为目标,以工序加工对在制品及成品质量的影响评价为依据。

(2)工艺参数一般包括整线技术指标参数、工段指标参数、工序指标参数、设备控制参数等。

(3)工艺参数的确定应兼顾感官质量指标和物理质量指标。

(4)工艺参数的确定应考虑工段之间、工序之间、参数之间的相互影响和有机联系。

(5)通过工艺参数对质量的影响程度评价,将工艺参数进行分类,通常分为关键参数、主要参数和一般参数。

(6)在满足产品和在制品质量水平的基础上,结合参数分类、设备性能、运行成本等因素合理确定工艺参数范围及波动值。

(7)同一卷烟产品在不同生产点加工时,应根据生产点工艺流程、设备及环境条件,制定相应工艺参数,保证卷烟产品质量的一致性。

3.2　加热卷烟结构与工艺

3.2.1　烟支结构与工艺的关系

加热卷烟相较于传统卷烟而言,在烟支结构上存在很大的差异,传统卷烟通常由两部分构成:由卷烟纸包裹的烟丝段和由成型纸包裹的滤棒。其中滤棒或是单一结构段或是多种结构的复合段。而加热卷烟烟支结构往往更加复杂,结构组成也更多。烟支的结构差异造成了传统卷烟与加热卷烟生产工艺的不同,一般来说,加热卷烟的工序多于传统卷烟。而又由于各家烟草公司的烟支结构存在差异,因此各公司的加热卷烟生产工艺也存在区别。

3.2.2　加热卷烟结构分类

在第 2 章中提到,加热卷烟烟支结构通常至少包含四种功能单元:产香段(发烟段)、隔离段(支撑段)、降温段和滤嘴段,根据功能需求将各结构段进行排列组合,主流的方式有"1＋3"结构、"3＋1"结构、"1＋1＋2"结构、"2＋2"结构和四元复合结构。"1"代表一个功能单元且一般特指发烟段,"2"代表两个功能单元复合,"3"代表三个功能单元复合,"＋"代表搓接。可以看出"1＋3"结构和"3＋1"结构有所不同:"1＋3"结构是单独制备出发烟段的基础棒,而其他三段结构基础棒经过复合形成一个三段式复合棒,最后将发烟段基础棒(1)和过滤复合棒(3)用接装纸包裹,经卷接形成完整烟支;"3＋1"结构是将发烟段基础棒当作其中一个单元复合形成三段式复合棒(3),再与滤嘴段(1)卷接形成完整烟支。

此外,国际市场上也存在高于四段结构的加热卷烟产品,例如湖北中烟的 COO 产品采用"1＋4"结构等,是将某些功能段做了拆分组合的工艺处理。

需要特别说明的是,以上分类原则与加热卷烟的类型并无关系,即有序型、无序型加热卷烟都适用此规则。

国际上的有序加热卷烟以菲莫国际的万宝路烟支最具代表性。该公司在有序型加热卷烟市场布局早,深耕新型烟草领域多年,技术、生产、销售等环节发展成熟,是诸多烟草公司发展过程中可参照的对象。就国内而言,各个烟草公司的有序加热卷烟的结构段排列有所不同,并形成了不同的知识产权。即使排列相同,在各功能单元的设计上,例如规格、所用材料等也各不相同,力求不发生侵权,形成自有特色。国内中烟公司基本都是根据国家局相关政策要求,在坚持核心专利不侵权的前提下,使用不同的组合方式,采用不同的工艺装备,遵循有效利用现有卷烟设备的原则,形成了不同的具有自主知识产权的有序加热卷烟产品工艺路线。

3.3　加热卷烟关键共性工艺技术

3.3.1　普通滤棒成型

3.3.1.1　工艺任务

将符合产品设计标准的烟用丝束材料制备成能满足产品或复合设计要求的滤棒。

3.3.1.2　丝束质量要求

烟用二醋酸纤维丝束质量指标应符合表 3-1 的要求。

表 3-1　烟用二醋酸纤维丝束质量指标要求

项　　目	单　　位	技术要求	允　　差
丝束线密度	ktex	设计值＜3.11	±0.06
		设计值≥3.11	±0.06
单丝线密度	dtex	设计值＞5.55	±0.25
		设计值≤5.55	±0.20
丝束线密度变异系数	%	≤0.60	—
回潮率	%	≤8.0	—
残余丙酮含量	%	≤0.30	—

此外,丝束外观质量应符合以下要求:

(1)每包丝束接头数不应超过两个,且接头处应有明显标志;

(2)丝束在包内应规则排放,易于抽出;

(3)同一批丝束色泽应一致。

3.3.1.3　普通纤维滤棒质量要求

普通纤维滤棒质量指标应符合表 3-2 的要求。

表 3-2　普通纤维滤棒质量要求

指　　标		要　　求
长度/mm		设计值±0.5
圆周/mm		设计值±0.2
压降/Pa	＜4500	设计值±250
	≥4500	设计值±300

续表

指　标	要　求
硬度/(%)	≥82.0
含水率/(%)	≤8.0
圆度/mm	≤0.35

同时,外观要求应不低于相关国家标准及行业标准的规定。

3.3.1.4　滤棒成型系统

1.滤棒成型系统组成

如图 3-1 所示,滤棒成型系统由烟舌(1)、烙铁(2)、冷却条(3)、断条装置(4)、圆周测量管(5)、布带轮(6)组成。成型系统的操作是滤棒成型的重点,该部分涉及滤棒的圆周、圆度、搭口、翘边、皱折等多项质量指标。

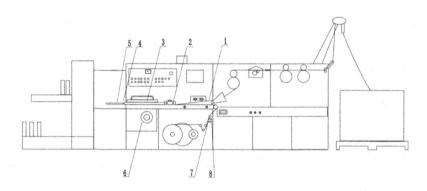

图 3-1　滤棒成型系统组成

2.滤棒成型系统的功用

滤棒成型系统完成滤棒成型工作,被开松机(YL12)开松和施加了增塑剂的丝束,在经过高压空气喷嘴的接纳收束后,进入烟枪部件,被卷制成滤条。丝束受到烟舌(1)圆锥形通道逐步收拢压缩,在布带牵引力的作用下,随同已涂上搭口热胶(8)和中线冷胶(7)的成型纸,一起进入内外压板形成的通道。成型纸上的中线冷胶与丝束黏结,成型纸上的热胶与成型纸的另一面黏合,将丝束包裹。热胶经烙铁(2)熨烫活化处理,进而在冷却条(3)下迅速冷却形成稳固的搭口,烟枪通道内部空间的大小和形状是被精确控制的。最后将丝束、成型纸结合在一起,成型为符合圆周、圆度质量要求的滤条。滤条被断条装置(4)切断后经圆周测量管(5)进入刀头,被切制成滤棒。

3.3.1.5　滤棒成型工序

一般滤棒成型需要经过若干道工序,如图 3-2 所示。

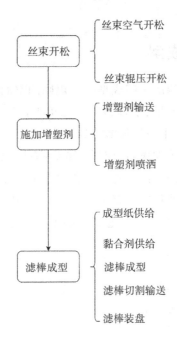

图 3-2　滤棒成型工序

3.3.1.6　设备功能要求

(1)滤棒圆周、三乙酸甘油酯施加量控制系统,可对滤棒圆周和三乙酸甘油酯施加量进行监测、控制。

(2)滤棒搭口胶、中线胶自动检测功能。

(3)成型纸自动拼接及拼接头自动剔除功能。

(4)故障自动诊断、报警和显示功能。消除加工过程中丝束产生静电荷的功能。标准数据接口,可接受和传送设备运行数据。

(5)宜配备在线自动检测取样装置。

(6)滤棒自动监测及剔除功能完好、可靠和准确。

3.3.1.7　参数技术要点

(1)应对设备参数进行监控,确保设备完好,设备参数包括但不限于:

a. 开松压力、张紧压力和布带张力;

b. 通道温度、开松冷却进出管温度、各加热器温度;

c. 开松比、烟用三乙酸甘油酯喷洒均匀性、烟用热熔胶喷嘴、开松辊磨损量。

(2)应对工艺参数进行监控,关键工艺参数应达标,工艺参数包括但不限于:

a.烟用三乙酸甘油酯施加比例;

b.烙铁温度;

c.空气喷嘴压力。

3.3.2 中空异形滤棒成型

中空异形滤棒是在醋纤滤棒的中间成型一个规则的空洞,这个空洞常常设计成具有一定含义的符号,如太阳神鸟、五星、字母、月牙、三角等,是一种看得见的滤棒成型新技术,给予卷烟一个突出的亮点。中空异形滤棒通常为二元复合,抽吸端为中空部分,近烟丝端可选用含有减害材料的有色丝束,这样烟支的滤嘴端面就能看见一个彩色的几何形状,赋予烟支个性十足的外观,凸显高端卷烟与普通卷烟的差异。

中空异形滤棒由于具有大通量的气路结构,能有效减少烟气吸附并且能在一定程度上降低烟气温度,因此被广泛应用于加热卷烟产品中。

3.3.2.1 工艺任务

将符合产品设计标准的烟用丝束材料制备成具有一定壁厚的中空滤棒,多数中空异形滤棒不需要用成型纸进行包裹。

3.3.2.2 成型原理

中空异形滤棒一般是一种无纸棒,其成型原理为:按常规方法将丝束开松成为丝束带,并施加一定量的增塑剂,丝束带在烟枪中被模具与烟枪壁约束成一个环形,施加有增塑剂的丝束纤维被高温高压蒸汽熨烫并迅速硬化成内部具有稳固形状孔洞的滤条,将其切断、装盘后形成中空异形滤棒。

3.3.2.3 工艺流程

中空异形滤棒工艺流程如图 3-3 所示。

3.3.2.4 技术要点

1.原辅料设计

根据中空异形滤棒中空图案的面积大小,中空异形滤棒常常选用高单旦或高总旦的丝束;根据圆周大小的不同,可以选择一包丝束单独成型或者两包丝束同时成型;同时要根据滤棒的填丝量设置一定的增塑剂含量,满足滤棒在高温高压蒸汽下的快速定型。

2.布带宽度确定

中空异形滤棒采用的是布带纹工艺,成型布带的宽度决定滤棒外观的质量情况,布

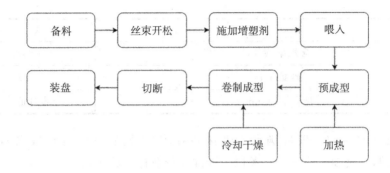

图 3-3 中空异形滤棒工艺流程图

带过宽或者过窄,会导致滤棒表面出现凹痕或者凸起,影响下一道复合工序。需要测试不同宽度的布带,根据滤棒圆周,最终确定布带参数。

3.蒸汽工艺参数

蒸汽发生器将水加热产生蒸汽后,输送到二次加热装置,继续提升蒸汽的温度,同时降低蒸汽中的水分含量。蒸汽在被输送到成型机组的同时,被管道一分为二,分别作用于上部烟枪和下部烟枪。随着蒸汽发生器不断地进行加水的动作,蒸汽温度和蒸汽压力在不断变化,通过测试发现,总蒸汽温度在 130~140 ℃,总蒸汽压力在 1~3 bar(1 bar=0.1 Mpa)时,滤棒外观较好,图案清晰,轴向弯曲不明显。

此外,为防止碳酸盐在管道、容器和锅炉产生结垢现象,蒸汽发生器所用水源需经过软水器,去除水中的钙镁离子,降低原水硬度,以达到软化硬水的目的。

3.3.3 复合滤棒成型

3.3.3.1 工艺任务

将不同特征的合格滤棒按照设计要求复合成二元或多元滤棒。

3.3.3.2 质量要求

复合滤棒质量指标应符合表 3-3 的要求。

表 3-3 复合滤棒质量指标要求

指　　标		要　　求
长度/mm		设计值±0.5
圆周/mm		设计值±0.20
压降/Pa	<4000	设计值±300
	≥4000	设计值±400

续表

指　标	要　求
含水率/（%）	≤8.0
圆度/mm	≤0.40
复合结构/mm	设计值±1.0

此外，复合滤棒的硬度应满足卷烟接装要求，不同特征的滤棒段之间应无大于1 mm 的间隙，外观要求应符合相关国家标准及行业标准的规定。

3.3.3.3　设备功能要求

（1）设备应具有以下功能：

a. 不同特征滤棒间间隙及排列控制系统，可对复合滤棒内不同特征的滤棒之间的间隙及排列结构进行监测、控制、调节、剔除和统计；

b. 滤棒搭口胶、内粘接线自动检测功能；

c. 成型纸自动拼接及拼接头自动剔除功能；

d. 故障自动诊断、报警和显示功能；

e. 标准数据接口，可接受和传送设备运行数据。

（2）复合设备滤棒自动检测及剔除功能完好、可靠和准确。

（3）可配备在线自动取样装置。

3.3.3.4　技术要点

（1）复合滤棒内不同结构滤棒应交替排列，不应有错位或缺失现象。

（2）滤棒上样应遵循设计要求，防止反结构复合。

（3）制定合理的设备参数并进行监控，确保设备性能达标。

3.3.4　膜类降温滤棒成型

降温滤棒种类较多，包括膜类材料收束后的滤棒、挤出成型固件等，也有部分加热卷烟产品直接将中空滤棒作为降温材料。膜类材料是一种用途广泛的功能材料，由于其具有较大的表面积，当使用相变材料作为原材料时，可以更大效率地实现降温功能，因此该材料也被众多加热卷烟所采用，其中以聚乳酸材料最具有代表性。

3.3.4.1　工艺任务

将降温纯膜或膜类加工半成品经辊压制备成降温滤棒。膜类加工半成品一般是指膜纸复合材料，需要经过复合粘接的工艺过程。

3.3.4.2　成型原理

纯膜或膜纸材料首先经过一对压辊(至少其中一个辊子带细齿)进行褶皱处理,压辊齿与压辊轴向垂直而与膜带运行方向平行,经过褶皱形成全部断裂或部分断裂的条带束,经喇叭口收束后进入烟枪,由成型纸包裹,最终形成中间含有若干孔洞的滤棒。图 3-4 为压辊褶皱成型示意图。

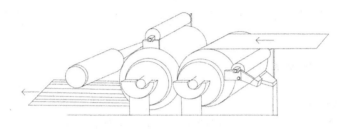

图 3-4　压辊褶皱成型示意图

3.3.4.3　质量要求

(1)纯膜或膜纸材料质量要求:

a.良好的降温性能。一般选用安全、绿色、环保的相变材料作为原材料,相变温度范围在 50～150 ℃为宜。

b.适当的材料厚度。过薄的材料力学性能较差,上机适应性将欠佳;倘若材料过厚,由于只有部分厚度的材料发生相变降温,将造成材料和成本的浪费。

c.适当的幅宽。幅宽决定了材料填充在滤棒的饱满程度,幅宽过大将降低滤棒的孔隙率,造成滤棒吸阻过大;而幅宽过小将很难将滤棒填充实,会影响后续烟支的搭接。确定降温材料的幅宽时要综合考虑原材料厚度、滤棒圆周等其他参数指标。

d.良好的抗张强度。在高速传动过程中膜类材料需要经过压辊,因此传动过程中会形成一定的拉力,若抗张强度不够,材料将被拉断。

e.适当的弹性模量。原材料的弹性模量关系到滤棒成型后的硬度以及孔隙率的分布,倘若弹性模量过大,原材料在褶皱成型后容易发生回弹,即使已包裹成滤棒,中心空隙的大小不一也会影响吸阻的稳定性;倘若弹性模量过小,原材料褶皱后将无法支撑滤棒成型纸,导致滤棒圆度和硬度不合格。

f.优良的抗撕裂性能。一般来说,膜类材料的抗撕裂性能越好,越能避免褶皱过程中被压成割裂的条带。

g.绝对的安全性。降温材料与高温烟气接触时,需要保证没有对人体有害的物质成分释放出来。

膜纸材料还应该满足以下条件:膜材与衬纸黏合牢固无气泡,不应有脱胶现象,不应出现有膜无纸、有纸无膜等缺陷;膜纸应洁净、平整,不应有重叠、皱折、破损、机械损伤、裂纹、划痕、孔洞、污点、浆块、硬质块、粘连等影响使用的缺陷。分切后保温纸盘端面应整齐洁净、平整,边缘不应有毛刺、裂口、卷边、夹杂物;纸卷应紧密,松紧一致;卷芯应牢固,无任何松动或无内芯现象,不易变形。生物复合膜纸不应有接头,不应有周期性残缺,不应有异味。

(2)滤棒质量:

a. 长度、圆周、吸阻等应符合设计标准;

b. 圆度≤0.5 mm;

c. 硬度≥86%。

3.3.4.4 设备功能要求

(1)设备应具有以下功能:

a. 一对或多对压辊,依靠气动实现两个压辊之间间距的调整;

b. 滤棒搭口胶、内粘接线自动检测功能;

c. 成型纸自动拼接及拼接头自动剔除功能;

d. 故障自动诊断、报警和显示功能;

e. 标准数据接口,可接受和传送设备运行数据。

(2)压辊数控界面及功能模块。

(3)可配备在线加香模块。

3.3.4.5 技术要点

(1)原材料褶皱压断率≤15%;

(2)收束后的滤棒孔隙尽量大小一致、分布均匀;

(3)滤棒吸阻应尽可能稳定,标准偏差控制在 150 Pa 为宜。

3.3.5 纸管材料成型工艺

纸管材料是由一层或多层纸复合卷制而成的中空纸管,一般具有大通量气路通道,由于纤维素纸材料耐高温,同时薄壁的结构几乎不吸附烟气,因此该材料非常适合作为支撑段用在加热卷烟上。

3.3.5.1 工艺任务

将一层或多层纸带经螺旋粘接或其他方式卷制成中空的纸管。按照卷制纸管的工艺方式,纸管机可分为螺旋纸管机、平卷纸管机、宝塔型纸管机。

3.3.5.2 质量要求

空管基础棒物理指标应符合表 3-4 的规定。

表 3-4　空管基础棒物理指标要求

序号	项　目		单　位	标 准 要 求
1	圆周	单支	mm	设计值±0.15
		平均值		设计值±0.07
		SD 值		≤0.07
2	湿重		g/10 支	设计值±0.25
3	长度		mm	设计值±0.5
4	壁厚		mm	设计值±0.05
5	圆度		mm	≤0.30
6	含水率		%	≤7.0
7	硬度		%	≥86

注:设计值在加热卷烟材料使用标准中规定。

外观方面的要求:表面洁净,不应有长度大于 1.5 mm 的不洁点,或长度虽不大于 1.5 mm 但多于三处的不洁点;表面光滑,无爆口,无脱胶,无破损,无皱折,无明显压痕或形变;色泽均匀;管筒平直,无弯曲,无毛刺;切口平整并与轴心垂直,切口无毛刺。

3.3.5.3　成型原理

纸管一般由三层纸带螺旋复合而成,其中内层纸的内侧面先施加润滑油,防止内层纸与成型杆之间的摩擦力过大;中间层的内外两侧需要涂抹胶水,以便和其他两层粘接,一般使用白乳胶;外层的内侧面可涂抹胶水也可不涂,根据具体情况确定。随后三层纸以层层叠加的形式缠绕在成型杆上,通过皮带压紧和传动,形成中空的纸管。其后段一般经过上下往复式切刀分切成固定长度,最后进行干燥处理。三层纸管螺旋成型过程如图 3-5 所示。

图 3-5　三层纸管螺旋成型过程

3.3.5.4 技术要点

1. 纸管机角度调整

确认纸管机线路正常,打开电源启动设备,设置低速开关,在纸管机低速运转的状态下,将分切的原纸送入纸管机并安装好,再进行角度的调整。

2. 张力调节

将原纸纸条按顺序安装至纸管机中,外层纸从模具上方进入,中间各层的分切原纸按照顺序依次进入,导纸架、胶水架都具备可调节的紧圈,固定好卷纸的位置后,调节纸条的张力。

3. 均匀上胶

设置好刮胶、上胶、压胶的步骤,将调制好的胶水涂抹在纸条上,使纸条上的胶水均匀适中。过多的胶水会使得纸条无法顺畅通过皮带,而且纸条容易受到损坏,若胶水过少,会使纸管出现分层,降低纸管的强度。

4. 烘干

烘干的温度一般设定为 $65 \sim 100\ ℃$,纸管烘干时间的长短与纸管的轴向直径大小、厚度大小以及胶水性能都有很大的关系。厚度与直径越大,所需要的时间越长。烘干过程中必须控制纸管轴向和径向的变形量,使纸管烘干后能保持一定的直度和圆度。除此之外,硬度和强度也是大部分纸管生产厂商的重要品质指标。

3.3.6 卷接工艺

3.3.6.1 工艺任务

将合格的半成品和符合产品设计要求的烟用材料,制成质量与规格符合产品设计要求的烟支。

3.3.6.2 来料标准

(1)基础棒或复合棒等半成品应符合产品质量要求和外观要求;
(2)烟用材料应满足国家标准、行业标准或企业标准中的"烟用材料质量要求"。

3.3.6.3 烟支质量要求

(1)烟支外观质量要求应不低于相关国家和行业标准的规定;

(2)烟支物理质量应符合相关设计要求;

(3)烟用材料工艺损耗率应符合企业要求。

传统卷烟对卷接质量的要求较为严格,且指标较多。现行的卷烟系列国家标准,其中的质量指标主要包括长度、圆周、重量、吸阻、硬度、含末率、水分含量、空头、爆口和外观。

由于加热卷烟烟支结构与传统卷烟不同,因此在各项指标参数、烟草原料及材料选择上与传统卷烟有所区别。

1.加热卷烟烟支物理指标要求

加热卷烟烟支物理指标要求如表 3-5 所示。

表 3-5　加热卷烟烟支主要物理指标要求

项　目	单　位	指 标 要 求	
		技术要求	判定要求
吸阻	Pa	标准值±180	超标支数≤3 支
圆周	mm	标准值±0.22	超标支数≤3 支
重量	g	标准值±0.043	超标支数≤3 支
长度	mm	标准值±0.5	超标支数≤3 支
总通风率（流量分数）	%	标准值±10	超标支数≤3 支

加热卷烟烟支长度、重量、吸阻和总通风率指标与传统卷烟的标准值以及偏差差异较大,且不同结构的加热卷烟,其物理指标要求也不相同。

2.烟草原料要求

烟草原料应无霉变,无污染,纯净度应不小于 99%;不得使用任何着色剂对烟草原料进行染色;所使用的烟草原料的产品质量安全应符合国家及行业相关规定的要求。

加热卷烟发烟段的工作原理与传统卷烟不同,因此对甘油、丙二醇等添加剂的要求与传统卷烟也有所不同。

甘油、丙二醇在加热卷烟烟草原料中的最大添加量(质量比)应满足以下要求:甘油应小于等于 26%,丙二醇应小于等于 8%;甘油应符合 GB 29950—2013 的要求,丙二醇应符合 GB 29216—2012 的要求。

其他添加剂应符合如下要求:在正常及可预见的使用量和使用条件下,不会增加使用者的健康风险;在技术上有必要使用;在达到预期效果的前提下,应尽量减少添加剂的使用量。

禁止添加使用的物质包括但不限于：

a.声称有益健康、增加能量或减少危害等有特殊功能的物质；

b.有致癌、致突变、生殖毒性或呼吸系统毒性的物质；

c.2,3-丁二酮、2,3-戊二酮、2,3-己二酮、2,3-庚二酮。

3.烟用材料要求

(1)加热卷烟所使用的烟用材料应符合卷烟国家标准及行业标准中烟用材料相关的安全卫生要求。

(2)加热卷烟所用材料各不相同，因此仅规定了材料使用温度范围：

加热卷烟发烟段及支撑段所使用的材料工作温度以不超过 250 ℃为宜。

加热卷烟降温段所使用的材料工作温度以不超过 150 ℃为宜。

(3)加热卷烟所使用的其他材料应保证成品的质量安全，即在正常以及合理的、可预见的使用条件下，不应给人体健康带来风险。

4.试验方法

物理指标试验方法如下：

总则：样品带包装在测试环境内平衡至室温，测试环境为温度（22±2）℃，湿度（60±5）%RH。

吸阻：从实验室样品中随机抽取 30 支作为试料，按 GB/T 22838.5—2009 的规定逐支进行试验。

圆周：从实验室中随机抽取 30 支作为试料，按 GB/T 22838.3—2009 的规定逐支在加热段进行试验。

重量：从实验室样品中随机抽取 30 支作为试料，按 GB/T 22838.4—2009 的规定逐支进行试验。

长度：从实验室中随机抽取 30 支作为试料，按 GB/T 22838.2—2009 的规定逐支进行试验。

总通风率：从实验室样品中随机抽取 30 支作为试料，按 GB/T 22838.15—2009 的规定逐支进行试验。

3.3.6.4　设备功能要求

(1)设备应具有下列功能：

a.烟支重量自动控制系统，可对烟支重量进行监测，自动控制、调节、剔除和统计；

b.烟支空头、缺嘴、漏气自动检测及剔除、计数功能；

c.卷烟纸、接装纸自动拼接及拼接头烟支自动剔除功能；

d. 故障自动诊断、报警和显示功能；

e. 若配备在线激光打孔装置，应具有检测功能；

f. 必要时，可配备在线自动取样装置；

g. 标准数据接口，可接受和传送设备运行数据。

(2)烟支自动监测及剔除功能完好、可靠和准确。梗签剔除装置完好、可靠和准确。

3.3.6.5　技术要点

(1)生产环境条件应符合行业标准，且可调可控；

(2)压缩空气压力、真空压力应满足设备需求；

(3)原辅材料应相互匹配，可满足产品设计要求；

(4)设备停机次数应尽可能少。

3.3.7　烟支包装

3.3.7.1　工艺任务

将合格烟支和符合产品设计要求的烟用材料，制成质量与规格均符合产品设计要求的盒装或条装卷烟。

3.3.7.2　来料标准

(1)烟支：

a. 烟支外观质量应符合相关要求；

b. 不得错牌；

c. 方向一致，不得错放。

(2)烟用材料：

a. 应满足"烟用材料质量要求"；

b. 不得错牌。

3.3.7.3　质量要求

(1)烟支包装后质量应不低于相关国家和行业标准的规定；

(2)包装工艺损耗率应达到行业损耗规定的指标要求；

(3)条盒间应无粘连现象。

3.3.7.4　设备功能要求

(1)设备应具有以下功能：

a. 烟支空头、小盒缺支、条盒(条包)缺盒检测、剔除、计数和报警功能；

b. 内衬纸、BOPP 薄膜、包装纸（条与盒）、封签、拉带、内衬架检测、报警和停机功能；

c. 设备故障自动诊断、报警和显示功能；

d. 机组可联机运行或单机运行；

e. 标准数据接口，可接受和传送设备运行数据。

（2）自动监测及剔除功能完好、可靠和准确；自动检测及剔除功能完好、可靠和准确。

3.3.7.5　技术要点

（1）生产环境条件应符合行业标准，且可调可控；

（2）压缩空气压力、真空压力供给应满足设备需求；

（3）烟用材料质量和设备性能应互相匹配，满足产品设计要求；

（4）设备参数应可调控，确保设备完好；

（5）工艺参数应达到企业标准；

（6）定期对设备进行清洁、保养、维护。

3.3.8　装箱

3.3.8.1　工艺任务

将包装成条后的合格产品和符合产品设计要求的烟支产品，制成合格的箱装卷烟。

3.3.8.2　质量要求

（1）装箱后产品质量应不低于相关国家和行业标准的规定；

（2）纸箱工艺损耗率不大于 0.1%。

3.3.8.3　设备功能要求

（1）应具备的功能：

a. 缺条、牌号识别及报警功能；

b. 自动堆积、装箱、封箱功能；

c. 设备故障自动诊断、报警和显示功能；

d. 标准数据接口，可接受和传送设备运行数据。

（2）各种自动检测系统及装置完好。

3.3.8.4　技术要点

（1）生产环境条件应进行控制和调节，并符合工艺要求。

（2）压缩空气压力、真空压力应满足设备需求。

（3）材料质量和设备性能应互相匹配，满足产品设计要求。

3.4　加热卷烟制丝工艺及过程质量控制

3.4.1　制丝工艺

加热卷烟虽然分为有序和无序两类,但是其加工工艺前段——制丝工艺(原料处理阶段)是相同的,且与传统卷烟类似,只是工序简单,注意事项不同。

传统卷烟制丝工艺分为烟片处理工艺、白肋烟处理工艺、叶丝加工工艺、掺配加香工艺。其中烟片处理工艺基本流程如图 3-6 所示。

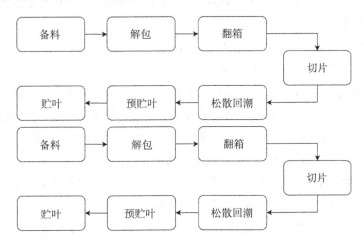

图 3-6　烟片处理工艺

白肋烟处理工艺基本流程如图 3-7 所示。

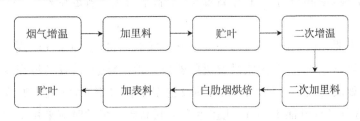

图 3-7　白肋烟处理工艺

叶丝加工工艺基本流程如图 3-8 所示。

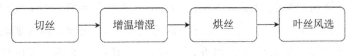

图 3-8　叶丝加工工艺

掺配加香工艺基本流程如图 3-9 所示。

图 3-9 掺配加香工艺

传统卷烟制丝过程中,不同工序均有一定的作用,其中:

(1)切片是按照具体的工艺要求来选择几刀切,主要是为了方便后续加工,同时也可起到对烟丝长度的控制作用。

(2)松散回潮(一润),主要是通过滚筒来对烟丝进行松散,通过加热蒸汽来实现增温增湿。升温主要是为了使烟丝能够更好地被水分润透,提高烟丝含水率,从而提升烟丝的抗造碎性能,便于后续加工。为何目前不使用真空回潮?主要是由于抽真空会产生异味,会对环境造成一定的污染。

(3)预贮叶,主要起混配作用,采用横向布料、纵向出料的方法让配方中所使用到的不同等级烟叶混合均匀,此外也具有缓存物料或是平衡生产能力的作用。

(4)加料,在加料之前进行定量喂料,通过提供流量数据,为加料提供控制依据。加料过程主要通过控制关键参数提升加料的精准度,一般物料的主要成分包括以下几种:调味剂(转化糖,红糖或者白糖转化成单糖)、增香剂(可可粉等)、保润剂(多羟基醇、甘油、丙二醇等)、助燃剂(酒石酸钾钠、有机酸钾盐或钠盐)、防霉剂(苯甲酸、苯甲酸钠、山梨酸钾)。加料主要是将各种物料的量按照工艺参数的要求进行配比,进一步提升物料的含水率和温度,保证出料的水分(出料的水分影响着烘丝工序的物料水分)。

(5)贮叶,首先是让料液在贮柜中被充分吸收,其次是平衡生产能力。

(6)切丝,切丝之前的输送过程中,要进行一次金属探测,去除烟丝中的金属成分,防止金属对切刀造成损伤。

(7)增温增湿,使物料进一步升高温度,提高含水率,满足烘丝工序对物料水分的要求。

(8)烘丝,主要有两种烘丝设备,一种是滚筒式烘丝机,一种是气流式烘丝机(一次生产只选择一种烘丝方式)。气流式烘丝机能够较好地去除杂气,提高填充度,但是烟气本香保留效果不如滚筒式烘丝机。由于两种设备温度要求不同,气流式温度较高,滚筒式温度稍低,造成其某些性能不同,因此在生产不同品质的烟丝时应采用不同的烘丝机,品质低的采用气流式,品质高的采用滚筒式。

(9)风选,主要是除去杂质(梗签、梗块等)。

(10)掺配,对所需原料按照配方比例进行掺配,并且各原料在掺配前都应进行定量喂料(称重计量)和风选。一般配方中所需要的原料有叶丝、梗丝、膨胀烟丝和再造烟叶。

(11)加香,根据技术要求按比例加香,满足配方设计所要求的香气风格。

除上述工艺外,还有单独的梗丝加工工艺,具体流程如图 3-10 所示。

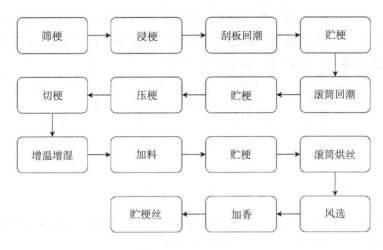

图 3-10 梗丝加工工艺

梗丝加工工序:

(1)筛梗,一般此步骤中的梗原料已经经过人工筛选,碎梗、梗拐等已被筛除。

(2)浸梗,主要是将加工前的烟梗进行清洗,除灰除杂,使烟梗吸收一部分水分,提高含水率。

(3)两次回潮以及两次贮梗,首先回潮能够进一步提升烟梗的含水率和温度,便于后续加工;其次可起到再清洗的作用。每次回潮都会在出料处设置温湿度检测装置,检测出料口物料的温湿度是否达到设定值,并且每次回潮前都会进行定量喂料,其目的是使流量均匀一致,此外能将探测到的温湿度输送给回潮装置,保证机器的快速调整和正常运转。贮梗能够使物料混合均匀,让水分充分浸透,使其含水率较一致,还能够平衡生产能力。每次贮梗后烟梗的含水率都应得到进一步提高。

(4)压梗,将烟梗挤压成片状,便于后续切梗成形。压梗前后都有金属探测器,将金属物质进行剔除,防止对后续工序造成影响。

(5)切梗,按照技术要求进行切割宽度的设定,切梗机与切丝机的工作原理一样,都是通过控制刀速与上下铜排链的传动速度来控制切割速度。

(6)增温增湿,主要采用隧道式增温增湿机,提高梗丝的温度及含水率。

(7)加料,按比例对梗丝施加料液,通过控制关键参数提高加料精度,同时进一步提高梗丝含水率和温度。

(8)贮梗,让料液在贮柜中被充分吸收,并能平衡生产能力。

(9)滚筒烘丝,通过高温去除梗丝中的部分水分,提高其填充能力和燃烧性。

(10)风选,主要是去除梗丝中的杂物(梗签、梗块以及一些非烟草的杂物)。

(11)加香与加料相同,按比例对梗丝施加料液,通过控制关键参数提高加料精度,同时加料线也应确定含水率以及物料流量是否满足工艺要求。

(12)贮梗丝,主要是平衡含水率,使香料能够被充分吸收,并能平衡生产能力。

加热卷烟制丝工艺相对简单,目前主要分为两种情况:一种为再造烟叶、烟丝(或其他常用烟料)混合掺配;一种为纯再造烟叶掺配。其中再造烟叶与烟丝混合掺配的工艺过程主要分为再造烟叶加工、烟叶加工、掺配加香。

再造烟叶加工,将开卷后的再造烟叶送入撕片机,撕片机将再造烟叶撕成预设大小的方形再造烟叶,将方形再造烟叶通过再造烟叶切丝机切成丝,然后将再造烟叶丝通过松散机进行松散,松散后缓存待用,如图 3-11 所示。

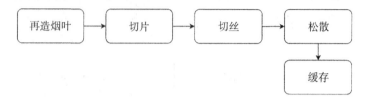

图 3-11　再造烟叶处理工艺

烟叶加工,将烟叶按照制丝工艺制成烟丝,通过烘烤机将烟丝的含水量降至合适范围,对烟丝施加功能料液,将烟丝放入贮存柜贮存一定时间,如图 3-12 所示。

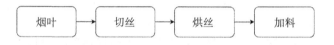

图 3-12　烟叶处理工艺

掺配加香,将前两步制备得到的烟丝和再造烟叶丝进行混配,形成混合烟丝,将混合烟丝通过加香机进行加香,加香后通过烟丝干燥机将混合烟丝的含水量降至要求范围,并将干燥后的混合烟丝贮存,如图 3-13 所示。

图 3-13　掺配加香工艺

纯再造烟叶掺配工艺与以上工艺相差不大,仍沿用再造烟叶处理工艺,但也有不同。四川中烟提出了一种简单的再造烟叶掺配加香工艺,如图 3-14 所示。再造烟叶丝如图 3-15 所示。

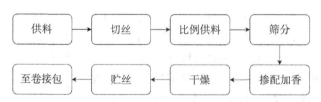

图 3-14　再造烟叶掺配加香工艺

图 3-15 再造烟叶丝

3.4.2 过程质量检验

加热卷烟发烟段材料与传统卷烟有所不同,加热卷烟发烟段材料为产香材料(再造烟叶),传统卷烟则由叶丝、梗丝等多种材料组成。因此加热卷烟制丝过程的质量检验在传统卷烟的基础上有所改动。制丝生产过程质量检验项目按检验频次分为批次检验项目和非批次检验项目。

1.批次检验项目的检验方法

加热卷烟制丝过程批次检验项目的检验方法见表 3-6。

表 3-6 批次检验项目的检验方法

检 验 项 目	检 验 方 法
设定值	确认生产批次设定参数值是否满足标准要求
物料识别	确认批次用再造烟叶、香精香料的等级、类别、状态等是否满足标准要求
合格率	稳态运行时采集的值符合设计要求判为合格值,合格值的总数占批次采集稳态数据总数的百分比为合格率。批次检验值取用系统统计值
均值	工序批次稳态数据的平均值。批次检验值取用系统统计值
掺配累计度	掺配累计精度 $\delta = |C-P| \div P \times 100\%$,式中:$C$ 为实际掺配比例,P 为设定掺配比例。批次检验值取用系统统计值
筒体转速	设备生产状态下筒体每分钟的转速或筒体电机输出频率。在有效验证周期内,批次检验值取用设备设定值
再造烟叶丝宽度	在有效验证周期内,批次检验值取用设备设定值

续表

检验项目	检验方法
加料累计精度 $\delta_{加料}$	$\delta_{加料}=\|C-P\|\div P\times100\%$，式中：$C$ 为实际加料比例，P 为设定加料比例。在有效验证周期内，批次检验值取用系统统计值
加香累计精度 $\delta_{加香}$	$\delta_{加香}=\|C-P\|\div P\times100\%$，式中：$C$ 为实际加香比例，P 为设定加香比例。在有效验证周期内，批次检验值取用系统统计值
C_{PK}	$C_{PK}=(T-2\|\bar{x}-M\|)/(6\times s)$，式中：$\bar{x}$ 为平均值，M 为标准中心值。批次检验值取用系统统计值

2.非批次监测项目的检验方法

非批次监测项目的检验方法见表 3-7。

表 3-7 非批次检验项目的检验方法

检验项目	检验频次	检验方法
瞬时加料比例变异系数	1 次/设备/月	方法 1：生产运行稳定阶段，每间隔 30 秒取电子秤物料累积量 W_1 和对应延时内料（香）累积量 W_2，用 $C_i=W_2/W_1\times100\%$ 计算瞬时加料（香）比例，每批连续采集计算 C_i 不少于 30 次，统计瞬时料（香）比例的标准偏差和平均值，计算瞬时加料（香）比例变异系数；
瞬时加香比例变异系数	1 次/设备/月	方法 2：生产运行稳定阶段，每 30 秒取电子秤物料瞬时流量 W_1 和对应延时瞬时料（香）流量 W_2，用 $C_i=W_2/W_1\times100\%$ 计算瞬时加料（看）比例，每批连续采集计算 C_i 不少于 30 次，统计瞬时料（香）比例的标准偏差和平均值，计算瞬时加料（香）比例变异系数
加香后再造烟叶烟丝结构	1 次/5 批/牌号/月，不足 5 批 1 次	生产稳定后，在加香机出口处随机取烟丝（1000 ± 100）g，按《烟丝整丝率、碎丝率的测定方法》(YC/T 178—2003)进行测试，结果精确到 0.1%。若碎丝率不满足标准要求，应复检
加香后再造烟叶烟丝填充值	1 次/5 批/牌号/月，不足 5 批 1 次	生产稳定后，在加香机出口处随机取烟丝约 1000g，按《卷烟 烟丝填充值的测定》(YC/T 152—2001)进行测试，结果精确到 0.01 cm³/g。填充值不进行水分折算
再造烟叶烟丝剔除物中合格再造烟叶烟丝	1 次/类别/月	生产稳定后，在剔除物料出口处用取样盘接取剔除物约 100 g，选出物料中合格的再造烟叶烟丝，计算合格的叶丝占取样物料总重量的百分比

3. 不合格品判定与处理

若加热卷烟生产过程中物料出现表 3-8 中的情况,物料应判定为不合格品,并按要求进行处理。

表 3-8　不合格品判定与处理要求

判 定 规 则	处 理 要 求
原料错用、在制品混牌	批不合格
料液错稀释、错加、漏加或加料精度＞3.0%	批不合格
香精错加、漏加或加香精度＞3.0%	批不合格
回收丝越级错用	批不合格
工艺参数错误设定	批不合格
混有橡胶、塑料、纸板等杂物的再造烟叶	退出物料,拣净杂物后同批回掺使用
含水率＞10%的再造烟叶烟丝	退出物料,拣净不合格再造烟叶烟丝后同批回掺使用;不能同批回掺时,按回收丝降级使用

3.5　加热卷烟代表性产品及工艺

3.5.1　有序型加热卷烟

3.5.1.1　有序内芯加热卷烟定义

有序内芯加热卷烟是指烟支发烟段薄片规则排列且平行于烟支轴向,对加热器具的发热体类型并无要求,发热体可以是针式,也可以是片式。

3.5.1.2　研究现状

目前有序型加热卷烟仍然是国际主流产品,主推有序内芯加热卷烟产品的企业主要有菲利普莫里斯公司(简称菲莫国际)、韩国烟草、云南中烟、四川中烟等。2014 年,菲莫国际推出其第四代电加热卷烟产品——万宝路加热卷烟(Marlboro HeatSticks)和附属装置电加热器 IQOS,2021 年正式推出新类型加热卷烟产品——TEREA 和附属装置电加热器 ILUMA,从多方面解决消费痛点。云南中烟从 2017 年至今先后推出 MC、Ashima Lulu、Win 3 个品牌累计 22 款烟支,推出 iBurn、MC Mate 1.0、MC Mate 1.2、MC Mate 2.0 等 10 余款加热卷烟烟具;具体到技术层面,在烟具方面先后形成片式加热烟具和棒式加热烟具,形成一系列自主核心技术,完成相关产品迭代升级;烟支方面,先后储备集成网状 PLA 片材降温基棒、空管降温棒、发烟芯材切丝有序聚拢烟芯棒和发烟芯材相对混序聚拢烟芯棒等核心技术,并在在销产品及储备新品中得以集成应用。四川中烟 2017 年 10 月在韩国推出了"宽窄·功夫"系列产品,成为行业内第一家出口加热卷烟的中烟企业。其独创"2+2"工艺技术,以"改良干法"制备主要烟芯材料,突出靶向调香技术,采用多级相变、空管等新材料规避相关专利封锁,致力打造低侵权风险产品。

3.5.1.3　加工工艺

有序加热卷烟生产多借鉴滤棒成型技术,且各中烟公司加工工艺均有差异,常规工艺流程如图 3-16 所示。

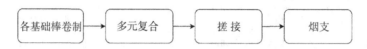

图 3-16　有序加热卷烟常规工艺流程图

3.5.1.4　国外代表产品

1. 菲莫国际万宝路烟支

图 3-17 所示为菲莫国际(PMI)的万宝路烟支产品,PMI 的烟支产品种类众多,在没有明确标注口味的前提下分三类口味,即原味、薄荷口味和风味系列。2021 年以前,该公司产品以片式加热为主,主要有 Marlboro(万宝路)和 HEETS,其配套的加热器具品牌有 IQOS 2.4、3.0 DUO 等。

图 3-17　Marlboro 加热卷烟

万宝路烟支全长 45 mm,其中发烟段长 12 mm,隔离段长 10 mm,降温段长 15 mm,滤嘴段长 8 mm,采用"3+1"工艺复合而成,即先单独生产出 3 种结构段的基础棒,再将隔离段基础棒、降温段基础棒以及滤嘴段基础棒三种基础棒分切并复合成三元复合滤棒,最后在卷烟机上与发烟段经水松纸搓接形成单独的烟支。在制备过程中涉及 6 道工序,即"4 个基础棒的生产工序+三元复合滤棒复合工序+卷烟搓接工序";涉及 5 种主要设备,即"滤棒成型设备+中空滤棒成型设备+皱纸设备(发烟段和降温段都有涉及)+三元复合设备+接装机"。图 3-18 为 Marlboro 加热卷烟的工艺流程图。

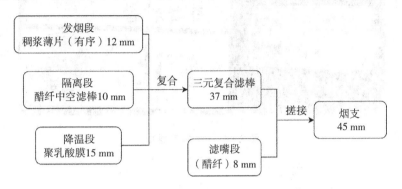

图 3-18　Marlbor 加热卷烟工艺流程示意图

2021 年下半年,菲莫国际推出迭代产品 TEREA,如图 3-19 所示,采用电磁加热模式抽吸,配套加热器具为 IQOS ILUMA。其烟支采用"4+1"工艺复合而成,实心滤嘴基础棒、发烟段基础棒、厚壁中空滤嘴和薄壁中空滤嘴完成四元复合,最后和一段实心滤嘴完成搓接。烟支全长 45 mm,从近唇端结构段数起,5 个结构段分别长 12 mm、8 mm、8 mm、12 mm 和 5 mm。值得注意的是,该烟支为了配合加热器具的电磁发热技术,在发烟段中心设置有等长的发热片,而在下游段采用滤棒封装,有效避免了抽吸过程中的焦沫掉落。同时烟支采用在线打孔工艺技术,增加了通风功能,降低了烟气温度。

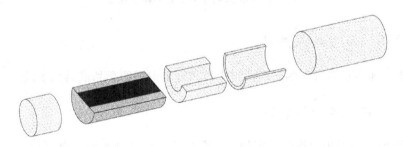

图 3-19　菲莫公司旗下 TEREA 加热卷烟剖视图

2.韩国烟草 Fiit 烟支

图 3-20 为 Fiit 烟支,全长 48 mm,其中发烟段长 12 mm,隔离段长 10 mm,降温段长 14 mm,滤嘴段长 12 mm,采用"四元复合"工艺复合而成,即先单独生产出 4 种结构段的基础棒,再将隔离段基础棒、降温段基础棒、滤嘴段基础棒、发烟段基础棒 4 种基础棒分切并复合成单独的烟支。制备过程涉及 5 道工序,即"4 个基础棒的生产工序+卷烟搓接工序";涉及 4 种主要设备,即"滤棒成型设备+中空滤棒成型设备+皱纸设备+四元复合设备"。图 3-21 为 Fiit 加热卷烟的工艺流程图。

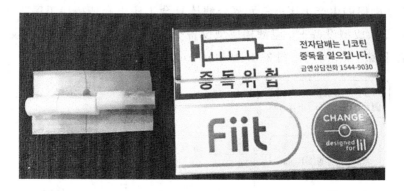

图 3-20　Fiit 加热卷烟

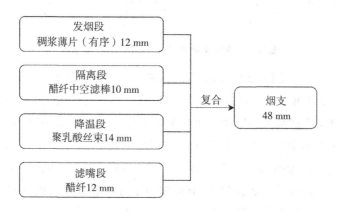

图 3-21　Fiit 加热卷烟工艺流程示意图

3.5.1.5　国内代表产品

目前国内加热卷烟有序烟支以四川中烟和云南中烟的产品最具代表性。

1. 四川中烟宽窄加热卷烟

图 3-22 所示为四川中烟的宽窄加热卷烟产品。四川中烟是国内第一家出口上市烟支的烟草公司,其烟支品牌定位不同于万宝路,非常清晰地确定了每款产品的口味,为消费者提供了选择的便利性。目前四川中烟有序烟支主要分为三类,即原味、薄荷口味和风味系列。

宽窄有序加热卷烟烟支全长 48 mm,其中发烟段长 14 mm,隔离段长 10 mm,降温段长 17 mm,滤嘴段长 7 mm,采用四川中烟首创的"2+2"工艺复合而成,即先单独生产出 4 种结构段的基础棒,再分别将隔离段基础棒和发烟段基础棒分切并复合为发烟二元复合棒,将降温段基础棒和滤嘴段基础棒分切并复合成降温二元复合滤棒,最后两种复合棒在卷烟机上经水松纸搓接形成单独的烟支。制备过程涉及 7 道工序,即"4 个基础棒的生产工序+2 个二元复合滤棒复合工序+卷烟搓接工序";涉及 5 种主要设备,即

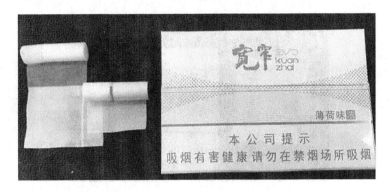

图 3-22 宽窄加热卷烟

"滤棒成型设备＋纸管机＋皱纸设备（发烟段和降温段都有涉及）＋二元复合设备＋接装机"。

图 3-23 为四川中烟宽窄加热卷烟的"2＋2"工艺流程图，目前该项技术已被多家中烟公司所采用。

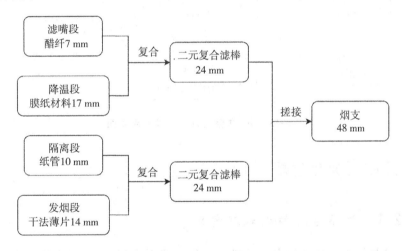

图 3-23 宽窄加热卷烟工艺流程示意图

2. 云南中烟 MC 加热卷烟

云南中烟 MC 有序加热卷烟见图 3-24，烟支全长 45 mm，其中发烟段长 12 mm，隔离段长 10 mm，降温段长 15 mm，滤嘴段长 8 mm，采用"1＋3"工艺复合而成，即先单独生产出 3 种结构段的基础棒——滤嘴段基础棒、降温段基础棒、隔离段基础棒，再将三种基础棒分切并复合为发烟三元复合棒，最后三元复合棒和发烟段基础棒在卷烟机上经水松纸搓接形成单独的烟支。制备过程涉及 6 道工序，即"4 个基础棒的生产工序＋1 个三元复合滤棒复合工序＋卷烟搓接工序"；涉及 5 种主要设备，即"滤棒成型设备＋中空异型滤棒成型设备＋皱纸设备＋三元复合设备＋接装机"。MC 加热卷烟工艺流程示意图见图 3-25。

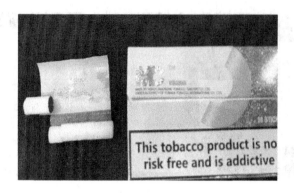

图 3-24　MC 加热卷烟

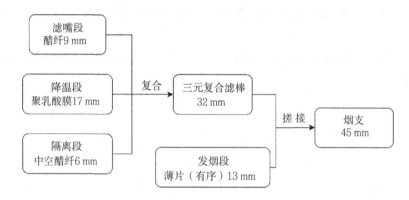

图 3-25　MC 加热卷烟工艺流程示意图

3.5.2　无序型加热卷烟

3.5.2.1　无序内芯加热卷烟定义

无序内芯加热卷烟是指烟支发烟段结构呈无规则排列,其类似于传统卷烟,就是将再造烟叶切丝和其他烟丝、梗丝等一起掺配卷制(叶组配方组成具体依据实际需求),同时与中心针式加热器具配套使用。

3.5.2.2　研究现状

目前国外未发现生产无序内芯加热卷烟产品的企业,而国内拥有无序内芯加热卷烟产品的企业主要有湖北中烟、上海新型烟草制品研究院、云南中烟、广东中烟、江苏中烟等。湖北中烟首创无序烟丝技术,实现了特色再造烟叶、烟丝、梗丝、膨丝等专用烟丝的自主设计和调配,打造了有自己特色的配方体系,在内芯加热烟具、外围加热烟具和无序烟丝加热烟支三个方面取得了阶段性的研究成果,代表产品是 COO 系列加热卷烟,搭配 MOK 系列加热器具使用,目前主要出口韩国。上海新型烟草制品研究院目前在无序内芯加热卷烟方面的代表产品为 HCO,搭配 FIRAVO 针式加热器使用。广东中烟技术中心成立了新型产品研究所与新型烟草制品协同研发平台,整合技术中心专业技术力量,在加热热源、香味产生、物质基础分析、香味缓释、加热试验装置研制、加热卷烟及配套器具样机研发等方面开展技术研究。2018 年,实现无序配方烟丝技术加热卷烟产品在境外市场的试销。在加热不燃烧烟草制品技术领域,针对烟支三段式结构、烟草原料制备工艺、烟丝处理工艺及设备、器具和烟支的匹配性设计等技术申请专利 78 件。江苏中烟在加热烟支方面,围绕烟支结构、生产设备、降温技术、过滤材料、原料开发、生产工艺、检测设备等关键技术开展专利研究,共完成专利申报 86 件,其中发明专利授权 6 件,实用新型专利授权 21 件;在无序烟丝加热烟支方面,共申报专利 10 件,其中发明专利授权 4 件,实用新型专利授权 2 件。

3.5.2.3 加工工艺

无序内芯加热卷烟生产流程类似于传统卷烟生产流程,所用到的卷制设备基本相同。传统卷烟卷接包装工艺如图 3-26 所示。

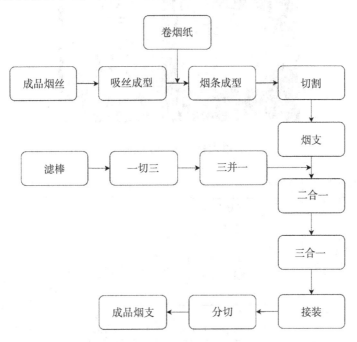

图 3-26 传统卷烟卷接包装工艺

卷接包装工艺相对于制丝工艺而言相对简单,但每个步骤都较为关键,主要包括烟丝输送、供丝、吸丝成型三个步骤。烟丝输送主要注重过程对烟丝状态的影响,即不同的输送方式对烟丝造碎的影响。供丝有两个作用:定量——可以稳定输送烟丝,保证烟支的均匀性;除杂——去除烟丝中的金属杂物和碎梗。吸丝成型主要针对烟丝卷制前的最终定量进行调节,保证烟丝重量的稳定性,另外在吸丝过程中也会除去一部分烟末和粉尘。

3.5.2.4 无序型加热卷烟代表性产品

无序内芯加热卷烟涉及"1+4""1+3""2+2"等多种结构。目前比较具有代表性的无序加热卷烟生产企业有湖北中烟、上海新型烟草制品研究院。

1. 湖北中烟

湖北中烟最开始采用"1+4"结构(见图 3-27),结合内芯针式加热器具,共 8 道工序:两种滤嘴段复合(醋纤滤棒 6 mm+醋纤中空滤棒 6 mm)形成的 12 mm 二元复合滤棒,再与降温段(纸管 14 mm)和隔离段(醋纤中空滤棒 15 mm)复合形成 41 mm 的三元复合滤棒,接着与发烟段(无序叶组 15 mm)搓接形成 56 mm 的烟支(见图 3-28)。该工艺包含 5 种主要设备:纸管机、滤棒成型设备、二元复合设备、三元复合设备、接装机。

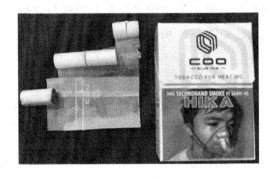

图 3-27 "1+4"结构

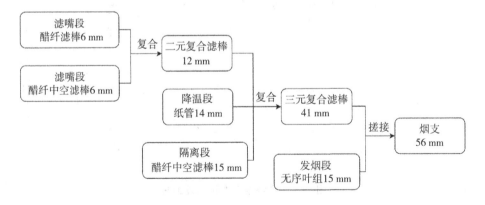

图 3-28 "1+4"结构工序流程

湖北中烟目前采用"2+2"结构(见图 3-29),共 7 道工序:滤嘴段与降温段复合形成二元复合滤棒,隔离段和发烟段复合形成二元复合滤棒,接着将两种复合滤棒搓接形成烟支(见图 3-30)。该工艺包含 5 种主要设备:滤棒成型设备、皱纸设备、纸管机、二元复合设备、接装机。

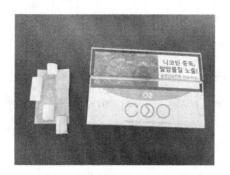

图 3-29 "2＋2"结构

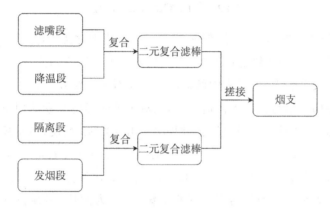

图 3-30 "2＋2"结构工序流程

2.上海新型烟草制品研究院

上海新型烟草制品研究院采用"1＋3"结构(见图 3-31),结合内芯针式加热器具,共6 道工序:滤嘴段(醋纤滤棒 8 mm)、降温段(醋纤中空滤棒 10 mm)与隔离段(醋纤中空滤棒 12 mm)三段进行复合,形成 30 mm 的三元复合滤棒,再与发烟段(无序叶组 13 mm)进行搓接,形成 43 mm 的烟支(见图 3-32)。该工艺包含 5 种设备:滤棒成型设备、皱纸设备、中空滤棒设备、三元复合设备、接装机。

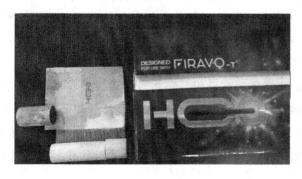

图 3-31 "1＋3"结构

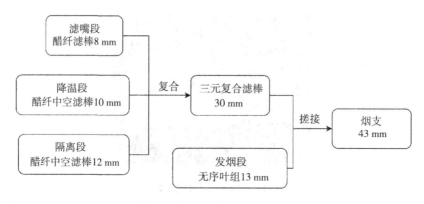

图 3-32　"1＋3"结构工序流程

　　虽然各企业所用工艺有所差异,但多数工序也有相似之处,比如发烟段基础棒的生产,主要有以下工序:①烟丝输送(适用于多种机型),由于目前部分企业没有一体联动设备,该工序仍依靠人工输送,且过程中的造碎情况相对于传统卷烟较少;输送过程也存在不同,由于加热卷烟所用物料多为再造烟叶,相对于烟丝等传统卷烟用主原料而言,该原料存在定量高、黏度大的特征,因此送丝过程中会出现堆积、粘连,不能顺利输送,需要增加松散装置使原料松散后再输送。②供丝过程的作用与传统卷烟相同,但过程有所区别,需要去除二次风分装置(主要针对 ZJ112 机型)。二次风分主要为传统卷烟输送烟丝设置,目的在于除去杂物。加热卷烟用料相对统一,多为薄片,不存在过多杂物,且二次风分会造成部分物料从落料口被筛走(主要由于多数再造烟叶定量较高,会被当作杂物筛除),影响供料稳定性。③吸丝成型(适用于多种机型),此工序是烟支成型的关键,但加热卷烟所用再造烟叶中甘油含量相对较高,其黏性较大,容易粘于吸丝带、平准盘、导轨、烟舌等处,所以在吸丝成型之前需要针对流化床进行降温设置,使温度相对较低,不会加重物料的粘连性。平准盘需要针对材质进行调整,需要添加涂料层,防止物料过多黏在平准盘上,导致输送量的不稳定。导轨、烟舌也需要做适当调整,主要是表面涂层材料和设备改版,防止在连续运行过程中因温度升高而粘连、结块和析出异物。

　　其他基础棒生产工序与传统卷烟也有相似之处,比如滤嘴段生产与传统卷烟用滤棒生产工序相同,主要差异在于规格。加热卷烟与传统卷烟的不同之处主要在于降温段、隔离段,传统卷烟中不存在这两个结构段,加热卷烟较短的烟支结构和非点燃的抽吸方式,导致其对降温的需求较大。目前降温段上各中烟公司差异较大,异形滤棒、膜纸材料、膜材料、功能异形直管等都有采用。隔离段多采用中空滤棒、纸管等材料,其生产工序均有一定差异。例如中空滤棒,常规生产方法是将丝束开松成为丝束带,并施加一定量的增塑剂,丝束带在烟枪中被模具与烟枪壁约束成一个环形,施加有增塑剂的丝束纤维被高温高压蒸汽熨烫并迅速硬化成内部具有稳固形状孔洞的滤条,进行切断、装盘后生成中空异形滤棒。

　　复合过程主要分为二元复合、三元复合,除了基础棒规格、卷制要求不同外,其他工序相同。二元复合是将两个基础棒切割后交错排列,使用推进器将两种基础棒复合,最终形成复合棒。三元复合则将三个基础棒切割后交错排列,使用推进器将三种基础棒复合,最终形成复合棒。

最终根据产品既定规格进行搓接,主要增加水松纸、外观检测等,与传统卷烟接装工序较为一致,最后将形成的烟支进行包装。

参 考 文 献

[1]康迪,赵晖,冯文宁.新型烟草制品的市场态势[J].中国市场,2020(8):2.

[2]《卷烟工艺》编写组.卷烟工艺[M].北京:北京出版社,2000.

[3]国家烟草专卖局.卷烟工艺规范[M].北京:中国轻工业出版社,2016.

[4]罗登山.中式卷烟特色工艺技术[M].郑州:河南科学技术出版社,2013.

[5]姚二民,储国海.卷烟机械[M].北京:中国轻工业出版社,2005.

[6]于建军.卷烟工艺学[M].2版.北京:中国农业出版社,2009.

[7]《滤棒成型工专业知识》编写组.滤棒成型工专业知识[M].郑州:河南科学技术出版社,2012.

第4章 加热卷烟质量检验

4.1 加热卷烟过程质量检验

加热卷烟过程质量检验包括三个方面：加热卷烟原辅料质量检验、加热卷烟制丝过程质量检验以及加热卷烟卷制与包装质量检验。由于加热卷烟的抽吸方式和烟支结构与传统卷烟不同，因此加热卷烟采用了许多特殊原辅料，与传统卷烟差异较大，但在加热卷烟制丝过程、卷制与包装质量检验方面差异较小。本章主要讨论的检验是由检验员进行的抽样检验，不包括在线质量检测（加热卷烟目前采用的在线质量检测方法与传统卷烟相似）。

4.1.1 加热卷烟原辅料质量检验

本节主要介绍与传统卷烟有区别的原辅料质量检验。

4.1.1.1 新型再造烟叶(产香材料)质量检验

1. 定量

用定量标准取样器($100\ cm^2$)从产香材料上切取 5 张圆片。将试样置于 $105\pm2\ ℃$ 烘箱中烘干 10 分钟后取出，置于干燥器中冷却。快速称取 5 张试样的烘后总重量，精确至 $0.001\ g$。绝干定量＝烘后总重量/$0.05(g/m^2)$。

2. 厚度和厚度变异系数

按《纸和纸板厚度的测定》(GB/T 451.3—2002)执行检测。

3. 含水率

含水率采用卡尔费休法测定。

4. 抗张强度

按照《纸和纸板 抗张强度的测定 恒速拉伸法(20 mm/min)》(GB/T 12914—2018)进行测定。

5. 斑点率

在样品中取长度 1.0 m(宽度即纸卷宽度)的测试样,计算总面积,选出斑点并测量其面积,按照以下公式计算斑点率,结果精确至 0.1%。

$$V = d/w \times 100\%$$

式中:

V——斑点率,单位为%;

d——斑点面积,单位为 m^2;

w——试样面积,单位为 m^2。

6. 幅宽

幅宽用直尺(精度 1 mm)测量,每个试样测 3 个等距离点,幅宽测试结果以测试结果的算术平均值表示。

7. 甘油

甘油的检验参照《烟草及烟草制品 1,2-丙二醇、丙三醇的测定 气相色谱法》(YC/T 243—2008)进行。

8. 水溶性糖和还原糖

水溶性糖和还原糖按照《烟草及烟草制品 水溶性糖的测定 连续流动法》(YC/T 159—2019)的规定进行测定。

9. 总植物碱

总植物碱按照《烟草及烟草制品 总植物碱的测定 连续流动(硫氰酸钾)法》(YC/T 468—2021)的规定进行测定。

10. 总氮

总氮按照《烟草及烟草制品 总氮的测定 连续流动法》(YC/T 161—2002)的规定进行测定。

4.1.1.2　降温材料质量检验

1. 安全

安全卫生类指标执行《加热卷烟材料安全卫生指标技术要求》(QJ/11. J. 21)的规定,应符合国家及行业相关要求。

2. 水分检验方法

工具及仪器:电子天平(分辨率 0.001g)、电热鼓风干燥箱(温度波动度±1 ℃,温度均匀度±2 ℃)、干燥器、样品盒、细棉纱手套等。

测试步骤:接通烘箱电源,打开加热开关和鼓风开关,并使通风口保持在半开状态,箱内温度稳定在(100±2) ℃。打开样品盒盖,将其置入烘箱有效空间(距离各面 5cm 以上区域)鼓风干燥 30 分钟,加盖取出并放入干燥器内,冷却至室温后备用。将交货水分试样混合均匀后分成两份。取出上述样品盒称重,然后迅速将两份样品分别置于盒内,及时盖好盒盖并立即称重。打开样品盒盖,置入烘箱有效空间鼓风干燥,样品盒密度不得大于 1 个/120 cm² ,待温度回升并保持在(100±2) ℃时开始计时。计时满 120 分钟时,加盖取出并置于干燥器内,冷却至室温后称重。注意:测定人员在测定过程中必须戴上细棉纱手套。

计算:

$$水分(\%)=\frac{烘前样品与样品盒总重量(g)-烘后样品与样品盒总重量(g)}{烘前样品与样品盒总重量(g)-样品盒重量(g)}$$

以平行试验结果的平均值作为生物复合膜纸水分的测定结果,精确到 0.1%。平行试验结果的绝对差要求不大于 0.3%,若大于 0.2%,则应重新取样测试。

4.1.2　加热卷烟制丝过程及卷制与包装质量检验

加热卷烟制丝过程及卷制与包装质量检验与传统卷烟一致,通过在线监测和监测装置性能验证来保证加热卷烟制丝过程及卷制与包装的质量。

4.2　加热卷烟成品质量检验

本节将从加热卷烟烟气化学指标、成品外观及感官质量三个方面阐述加热卷烟成品质量检验。

4.2.1　加热卷烟烟气化学物质检测

由于加热卷烟与传统卷烟烟气中的化学物质含量不同,因此烟气化学物质检测参数有所区别,检测步骤相同。

4.2.1.1 加热卷烟主流烟气总粒相物水分的测定

1.仪器与材料

气相色谱仪、毛细管色谱柱、振荡器、电子天平、锥形瓶、捕集器、剑桥滤片等。

2.分析步骤

将抽吸加热卷烟得到的总粒相物放入 50 mL 三角瓶中,加入 20 mL 异丙醇和 100 μL 内标溶液,室温下振荡 30 min。移取约 2 mL 萃取溶液,用有机相滤膜过滤后装入色谱瓶,得到待测的样品溶液。

3.色谱分析条件

色谱柱:内径 4 mm,长度 1.5 m,固定相为 80～100 目,Chromosorb 102。进样口温度:250 ℃。进样量:1.0 μL。柱相温度:170 ℃(等温线)。检测器温度:250 ℃。载气:氦气。流量:30 mL/min。

4.标准工作曲线制作

取系列标准溶液,按照上述色谱分析条件进行气相色谱分析,记录水分和内标物的峰面积,计算每个标准溶液中水分与内标物的峰面积比,绘出水分浓度与峰面积比的关系曲线,得到标准曲线回归方程,标准曲线回归方程线性相关系数 $R^2>0.999$。

每次测定均应制作标准曲线,每 20 次样品测定后应加入一个中等浓度的标准溶液,如果测得的值与原值相差超过 5%,则应重新进行标准曲线的制作。

5.样品测试

按照气相色谱分析条件测定样品溶液,每个样品平行测定两次,每批样品做一组平行空白样品。

6.结果的计算与表述

试样中水分的含量(x)由下式计算得出:

$$W=\frac{(C-C_0)\times V}{n}$$

式中:

W——加热卷烟主流烟气中水分含量,单位为毫克每支(mg/cig);

C——样品溶液中水分测定浓度,单位为毫克每毫升(mg/mL);

C_0——空白样品溶液中水分测定浓度,单位为毫克每毫升(mg/mL);

V——萃取液体积,单位为毫升(mL);

n——抽吸烟支数量,单位为支(cig)。

取两次平行测定结果的算术平均值为样品测试结果,精确至 0.01 mg/cig。

两次平行测定结果的相对平均偏差应小于 5%。

4.2.1.2 加热卷烟主流烟气总粒相物烟碱、1,2-丙二醇和丙三醇的测定

1. 原理

用带内标的萃取剂萃取加热卷烟主流烟气总粒相物中烟碱、1,2-丙二醇和丙三醇,采用气相色谱法测定含量,计算出加热卷烟主流烟气总粒相物中烟碱、1,2-丙二醇和丙三醇的含量。

2. 试剂

异丙醇、1,4-丁二醇、烟碱、1,2-丙二醇、丙三醇、载气(高纯氮气或氦气)、正十七碳烷等。

3. 内标溶液

分别称取约 0.50 g 的正十七碳烷、1.0 g 的 1,4-丁二醇至 50 mL 容量瓶中,精确至 0.0001g,用异丙醇定容至刻度,摇匀;置于 4 ℃条件下避光保存,有效期为 3 个月。

4. 混合标准溶液

分别称取约 0.10 g 的烟碱、0.05 g 的 1,2-丙二醇和 0.2 丙三醇至 10 mL 容量瓶中,精确至 0.0001g,用异丙醇定容至刻度,摇匀;置于 4 ℃条件下避光保存,有效期为 3 个月。

5. 系列标准工作溶液

分别准确移取 0.01 mL、0.02 mL、0.05 mL、0.1 mL、0.2 mL、0.5 mL 混合标准溶液至 10 mL 容量瓶,加入 50 μL 内标溶液,用异丙醇稀释定容至刻度,摇匀,配制 6 级混合标准工作溶液;置于 4 ℃条件下避光保存,有效期为 3 个月。

6. 仪器与材料

气相色谱仪:配有 FID 检测器。色谱柱:熔融硅胶柱毛细管柱(长度 30 m,内径 0.25 mm,膜厚 0.25 μm)或其他等效柱。振荡器:回旋式或往复式振荡器,振荡频率调节为 200 r/min。电子天平:感量 0.1 mg。

7.分析步骤

样品处理:将抽吸加热卷烟得到的总粒相物放入 50 mL 三角瓶中,加入 20 mL 异丙醇和 100 μL 内标溶液,室温下振荡 30 min。移取约 2 mL 萃取溶液,用有机相滤膜过滤后装入色谱瓶,得到待测的样品溶液。

空白试验:烟支不加热条件下,按照相同的条件进行处理,得到实验室空白样品溶液。

8.色谱分析条件

以下色谱分析条件供参考,采用其他条件应验证其适用性:

——进样口温度:250 ℃。

——进样量:1.0 μL。

——程序升温:150 ℃,保持 0 min,以 2 ℃/min 速率由 150 ℃ 升至 160 ℃,保持 3 min;以 10 ℃/min 速率由 150 ℃ 升至 220 ℃,保持 5 min。

——检测器温度:250 ℃。

——载气:氮气,纯度≥99.999%。流速为 0.5 mL/min。

——分流进样,分流比 20∶1。

9.标准工作曲线制作

取系列标准工作溶液,按照上述色谱分析条件进行气相色谱分析,记录目标物和内标物的峰面积,计算每个标准溶液目标物与内标物的峰面积比,绘出目标物浓度与峰面积比的关系曲线,得到标准曲线回归方程,标准曲线回归方程线性相关系数 $R^2 >$ 0.9999。

每次测定均应制作标准曲线,每 20 次样品测定后应加入一个中等浓度的标准溶液,如果测得的值与原值相差超过 5%,则应重新进行标准曲线的制作。

10.样品测试

每个样品平行测定两次,每批样品做一组平行空白样品。

11.结果的计算与表述

试样中目标物的含量(W)由下式计算得出:

$$W = \frac{(C - C_0) \times V}{n}$$

式中:

W——加热卷烟主流烟气总粒相物中目标化合物含量,单位为毫克每支(mg/cig);

C——提取液中目标化合物测定浓度,单位为毫克每毫升(mg/mL);

C_0——空白实验中目标化合物测定浓度,单位为毫克每毫升(mg/mL);

V——萃取液体积,单位为毫升(mL);

n——抽吸烟支数量,单位为支(cig)。

取两次平行测定结果的算术平均值为样品测试结果,精确至 0.01 mg/cig。

两次平行测定结果的相对平均偏差应小于 5%。

4.2.1.3　加热卷烟主流烟气一氧化碳的测定

1.原理

用吸烟机收集加热卷烟烟气气相部分,样品经色谱柱分离后进入热导检测器,产生色谱响应信号,外标法定量。

2.仪器设备

气相色谱仪:配有 TCD 检测器。毛细管色谱柱:内径 0.53 mm、膜厚 25.0 μm、柱长 30 m 的 PLOT Molesieve 柱或其他等效柱。气体采样袋:带取样孔,采样袋体积根据实际抽吸体积确定。气密针:1 mL。气压计:可精确至 0.1 kPa。温度计:可精确至 0.2 ℃。皂膜流量计:35 mL 处精确至±0.2 mL,最小刻度 0.1 mL。

3.标准气体

标准气体浓度范围应覆盖预期检测到的一氧化碳浓度,以免外推曲线。一般来说可配制 0.01%、0.05%、0.20%、0.50%、1.00% 五种浓度的一氧化碳标准气体。一氧化碳的浓度应予以检定(检定相对误差小于 2%)。

4.分析步骤

将准备好的气体采样袋连接至吸烟机气相收集系统上,开启气体采样袋上的阀门,要保证抽吸开始前气体采样袋已用环境空气清洗并排空。

将气体采样袋阀门关闭后从吸烟机上取下,使用气密针准确移取 1 mL 气体,以手动进样模式进气相色谱仪分析。每次试验结束后,应将气体采样袋排空,并用环境空气清洗。

5.色谱分析条件

以下色谱分析条件供参考,采用其他条件应验证其适用性:

——毛细管色谱柱:HP-PLOT Molesieve 毛细管柱,规格为长度 30 m,内径 0.53 mm,膜厚 25 μm。

——升温程序：初温 40 ℃（保持 6 min），以 30 ℃/min 的速率升至 150 ℃，保持 5 min。

——进样口温度：50 ℃。

——进样量：1.0 mL。

——检测器温度：220 ℃。

——载气：氮气，流量为 4 mL/min。

6.标准工作曲线制作

采用气相色谱仪条件测定一系列标准气体，得到一氧化碳的积分峰面积，以标准气体的峰面积作为纵坐标，标准气体的体积浓度作为横坐标，建立一氧化碳的线性工作曲线。对校正数据进行线性回归，且强制通过坐标原点，线性相关系数不应小于 0.99。

7.结果的计算与表述

每支加热卷烟一氧化碳的平均体积由下式得出：

$$V_1 = \frac{C \times V \times N \times p \times T_0}{S \times 100 \times p_0 \times (T + T_0)}$$

式中：

V_1——每支加热卷烟一氧化碳的平均体积，单位为毫升（mL）；

C——一氧化碳体积浓度百分比气相色谱的测得值；

V——抽吸容量，单位为毫升（mL）；

N——总抽吸口数；

p——环境大气压力，单位为千帕斯卡（kPa）；

T_0——水的三相点温度，单位为开尔文（K）；

S——每通道抽吸的加热卷烟支数；

p_0——标准大气压力，单位为千帕斯卡（kPa）；

T——环境温度，单位为摄氏度（℃）。

每支加热卷烟一氧化碳的平均质量由下式得出：

$$m = \frac{C \times V \times N \times p \times T_0 \times M}{S \times 100 \times p_0 \times (T + T_0) \times V_2}$$

式中：

m——每支加热卷烟一氧化碳的平均质量，单位为毫克（mg）；

M——一氧化碳的摩尔质量，单位为克每摩尔（g/mol）；

V_2——理想气体的摩尔体积，单位为升每摩尔（L/mol）。

取两次平行测定结果的算术平均值为样品测试结果，精确至 0.001 mg/cig。

两次平行测定结果的相对平均偏差应小于 10%。

4.2.1.4　加热卷烟主流烟气总粒相物及焦油的测定

1.原理

在吸烟机上抽吸加热卷烟,用装载有玻璃纤维滤片的捕集器收集总粒相物,称取捕集的总粒相物质量。萃取总粒相物用于气相色谱法测定水分和烟碱含量。

2.仪器与材料

吸烟机;分析天平,测量范围精确至 0.1 mg;皂膜流量计,35 mL 处精确至 ±0.2 mL,最小刻度 0.1 mL;玻璃纤维滤片,直径为 44 mm;标准加热烟具,加热温度为 (350±3) ℃;升温时间≤20s;加热段长度为烟丝段长度的 90%±10%。

3.样品准备

从实验室样品的每个包装中随机抽取相等数量的加热卷烟烟支,剔除有明显缺陷的烟支,抽取烟支的总数应至少为抽吸数量的 2.5 倍。

加热卷烟烟支应在未开封条件与调节大气条件下回复至室温,在测试大气条件下测试。调节大气环境温度为(22±1)℃,相对湿度为 60%±3%,测试大气环境温度为(22±2)℃,相对湿度为 60%±5%。(应在调节大气环境下回复至室温,在测试大气条件下测试)

加热卷烟烟具应充满电,实验前做好清洁工作。

4.烟支的抽吸

将已经在测试大气中调节至少 12 h 的滤片放入滤片夹持器中,滤片粗糙的一面应面向进入的烟气,合上滤片夹持器,确认装配妥当。若烟气捕集器的设计中包含孔垫片(垫圈),则将其嵌入,盖上密封装置(端帽)。若烟气捕集器在烟支抽吸过程中自动完成称重,则无须盖上密封装置。若烟支夹持器的设计中包含孔垫片,则将其嵌入,然后嵌入迷宫环(见 GB/T 16450—2004)。对装配好的烟气捕集器进行称重,质量精确至 0.1 mg。

每个牌号抽吸 4 支加热卷烟。待标准加热烟具到达加热温度后,开始进行抽吸,每支烟支抽吸数设定为 5。

将加热卷烟烟支插入标准加热烟具,然后将抽吸嘴部插入烟支夹持器。插入时应避免漏气或使烟支变形。有明显缺陷或插入时受损的烟支均应由完好的备用烟支替代。

加热卷烟烟具应固定对应同一孔道,当完成一支烟的抽吸后,尽快替换下一支烟,重复抽吸过程,直至将预定数量的烟支抽吸完毕。

5.总粒相物的测定

从吸烟机上取下烟气捕集器。必要时取下卷烟夹持器。将烟气捕集器的前后孔用密封装置(端帽)盖上。取下烟气捕集器时,建议面向烟支的一面朝下,以免烟支夹持器上的污染物掉落到滤片上。抽吸结束后,应立即称取捕集器的质量,精确至 0.1 mg,若烟气捕集器在烟支抽吸过程中自动完成称重,则无须盖上密封装置。直径 44 mm 的玻璃纤维滤片可承载 150 mg 总粒相物,直径 92 mm 的玻璃纤维滤片可承载 600 mg 总粒相物。如果烟气捕集量超过承载量,则应减少抽吸烟支的数量。

6.总粒相物的计算

每通道总粒相物(TPM)的质量 m_{TPM} 以每支烟支的毫克数(mg/cig)表示,按下式计算:

$$m_{TPM} = \frac{m - m_0}{q}$$

式中:

m_0——抽吸前烟气捕集器的质量,单位为毫克(mg);

m——抽吸后烟气捕集器的质量,单位为毫克(mg);

q——吸入每个捕集器的烟支数,单位为支(cig)。

7.焦油的测定

焦油(tar)的质量以每支烟的毫克数表示,按下式计算:

$$m_{tar} = m_{TPM} - m_{NIC} - m_W$$

式中:

m_{TPM}——总粒相物的质量,单位为毫克(mg);

m_{NIC}——主流烟气总粒相物中烟碱的质量,单位为毫克(mg);

m_W——主流烟气总粒相物中水分的质量,单位为毫克(mg)。

4.2.2　加热卷烟成品外观质量检验

加热卷烟成品外观与传统卷烟外观仅在尺寸方面有差异,因此加热卷烟成品外观质量检验与传统卷烟相似,包括商品条码的译码正确性(不包含箱条形码的检验)、其他包装标识、条装质量、盒装质量等。

4.2.3　加热卷烟成品感官质量检验

加热卷烟的抽吸体验与传统卷烟不同,因此加热卷烟成品感官质量检验标准需重新制定。

4.2.3.1　术语和定义

烟气:抽吸时,鼻腔感受到的烟雾浓淡及口腔中的充盈饱满及灼热感受。

劲头:烟碱带来的生理满足感以及烟气通过喉部时对喉部的冲击程度。

香味:抽吸过程中感受到的令人愉快的味道,符合产品特征风味设计方向,香气和谐。

余味:抽吸过程带给口腔的综合味觉感觉,包括舒适程度、干净程度以及干燥感。

刺激性:烟气对感官所造成的轻微和明显的不适感受,如对鼻腔、口腔、喉部的冲刺、毛棘火燎等。

抽吸均匀性:抽吸过程中烟气综合感受的前后一致性。

4.2.3.2 感官质量评价

采用标样对比形式进行感官质量评价,每次对成品烟样品感官评价不得少于7人。感官质量评价主要根据口味区分。感官质量评价标准见表4-1。

表4-1 感官质量评价标准

指标项目	香味			烟气			劲头			刺激性			余味			均匀性		
单项指标	Ⅰ	Ⅱ	Ⅲ	Ⅰ	Ⅱ	Ⅲ	Ⅰ	Ⅱ	Ⅲ	Ⅰ	Ⅱ	Ⅲ	Ⅰ	Ⅱ	Ⅲ	Ⅰ	Ⅱ	Ⅲ
单项最高分	25	22	20	30	26	22	15	12	10	10	8	6	15	12	10	10	8	6
Ⅰ	丰富、协调,特征明显			烟气细腻、饱满口腔无明显热感			满足感好(击喉感)劲头适中			无刺激			干净、舒适			均匀性好		
Ⅱ	较丰富、较协调,特征较明显			烟气较细腻、较饱满,口腔略有热感			满足感较好,(击喉感)劲头稍大或稍小			稍有刺激			较净、较舒适			均匀性较好		
Ⅲ	平淡、尚协调,特征不明显			烟气较粗糙、淡薄,口腔热感明显			满足感弱,(击喉感)劲头较大或较小			较刺激			尚净、尚舒适			均匀性差		

感官质量评价根据评吸小组安排可采用暗评、明评。参加评吸人数每次不少

于 7 人,样品评价前应统一评吸口径,评吸口径矫正形式由评吸小组制定。感官质量计分采用百分制,最高分数为 100 分,可备注文字描述。各项目均以 1 分为计分单位。评吸员应在一个加热周期内逐口均匀抽吸。

如抽吸过程中产生异常(烫口、焦煳、异味、烟雾量明显不足),应立即终止,更换样品或加热器,重新评吸。

第 5 章　加热卷烟的贮藏与养护

5.1　引　　言

卷烟生产的最终目的是消费,而卷烟从生产到消费要经过一系列的流通环节,其中对卷烟质量影响最大的是卷烟的贮藏与运输,因此现代烟草科学与工程要关注烟草贮藏与运输的诸多方面,包括卷烟贮藏原理、卷烟在流通中的寿命损失、卷烟流通的技术手段与方法措施、卷烟在流通中的品质保持等。

目前市场上的卷烟商品都没有在条盒和小盒标注保质期,是因为目前尚未有相关规定要求卷烟产品必须标注保质期。不仅中国如此,国外卷烟也不标注生产日期和保质期。但是,卷烟产品是有保质期的。除了产品的包装材料对卷烟产品的保质期有影响外,卷烟商品存储的环境条件是影响保质期的重要因素。卷烟是一种对外界温度和湿度相当敏感的消费品。存储的温湿度不同,使卷烟的保质期有很大差异。如果温湿度适宜,卷烟可以存放两三年不变质。而如果温湿度过高或过低,卷烟产品的原品质连一年也保持不住,不是变得干燥,就是发生霉变。卷烟在寒冷地区储存或放置在冰箱里,能够延长保质期。由于卷烟存储的环境条件决定保质期的长短,因此无须统一标注保质期。卷烟出厂后,产品自身的化学成分仍然在发生变化。在适宜的温湿度条件下,产品在存放过程中还将继续自然醇化,使内在质量上升到最佳点。经长期观察,高档烟的最佳上升期是 4~6 个月,低档烟的最佳上升期是 2~4 个月。超过了上升的顶点期,卷烟的内在品质就会逐渐降低,出现香气消减、颜色变暗、吸味不足的情况。卷烟产品在不标注保质期的情况下,为了保证消费者能够随时随地购买到优良品质的卷烟产品,卷烟生产企业都在努力按照市场需求生产适销对路的产品,减少库存积压。卷烟商业企业也在优化商品存储条件,使卷烟在不同地区的气候条件下达到适宜的存储要求,防霉、防虫、防串味,加快商品的周转。

加热卷烟以烟叶为主要原料,同样存在传统卷烟储存过程中遇到的问题,但其制备工艺以及材料组成与传统卷烟不同,影响品质稳定的因素和变异现象也有所不同,如加热卷烟烟芯材料加入了一定量的发烟剂,使其更易受到外界温湿度的影响。

5.2 加热卷烟产品的质量变异现象

加热卷烟存放过程中常发生的质量变异现象有虫害、发霉、结晶、黄斑等,产品质量变化会对烟气中的水分、烟碱、总粒相、香味成分等烟气成分造成影响,从而影响吸食品质。水分也是大多数害虫和霉菌生长繁殖的外部条件,水分含量过高的加热卷烟产品容易出现黄斑、组分析出、质地变软、发烟量小、香气稀疏、烟气烫口甚至虫蛀、长霉的现象,水分含量过低则容易发生掉粉、顶出、干燥性和刺激性增强。

5.2.1 虫害

虫害是指产品内部被烟虫入侵,导致产品被破坏,是卷烟贮藏中常发生的变质现象之一。很多产品被虫蛀后要么有蛀洞形成,要么产生蛀粉,不再具有抽吸价值。富含脂肪或糖类的产品最容易遭受虫害。一般而言,产品贮藏中的害虫来源有以下两方面:①烟叶在生长时被害虫侵害,将烟叶加工成烟支后处理不到位,没有把害虫或虫卵完全消灭,导致有虫卵残留;②在贮藏过程中,害虫从外界进入贮藏室,且贮藏室的环境适宜害虫生长,这为害虫的繁殖提供了条件,从而导致虫蛀现象。卷烟常见害虫的种类有烟草甲、烟草粉螟和大谷盗等三种。影响害虫发育和蔓延的条件是仓库内的温度、空气相对湿度、烟支成分及含水量,防治仓虫要采取“以防为主、综合防治”的原则,将仓库害虫的损失降至最低。掌握害虫的生长条件,有利于防治害虫。

5.2.2 发霉

烟支霉变是霉菌在烟支上滋生繁殖的结果,这与烟支本身的物理、化学性质有关。温度潮湿的环境易导致发霉现象。由于霉菌的孳生,烟叶原料中的内含物被分解,正常的组织结构遭到破坏,外观色泽变暗,原有的香气消失,发出难闻的酸臭气,严重时完全成了黑污色具恶臭的腐烂物,失去吸食价值。受真菌侵害的烟支,即使将已霉烂的部分除去,其霉臭的气味仍留在烟包内,影响整包烟叶的质量。烟支霉变的原因主要是水分含量过高,应通过调控仓库温湿度、选择防潮包装材料、加强入库检验及在库检查等措施控制烟支水分,使之始终维持在安全范围。

5.2.3 结晶

结晶是指无机盐类物质从烟支内部外溢,产生固体颗粒的现象。酸性物质在较高温度下形成酸性蒸汽,与包装纸上的盐类物质结合,遇冷析出结晶在烟支表面。此外,烟支久贮,其内的某些成分逐渐产生化学变化也会形成结晶析出现象,当环境湿度增高时更容易发生。

5.2.4　黄斑

烟支外观颜色是判别烟支质量优劣、性质是否发生改变的重要指标。每种产品烟支的水松纸都有固有的颜色设计,如果烟支贮藏不当,在各种酶类或其他因素的作用下,烟支中不同成分之间的平衡将被打破,导致有色成分析出形成黄斑。

5.2.5　其他

加热卷烟存放过程中的质量变异现象还有:富含油脂类产品易吸湿回潮;水分过高的产品如果堆积过多,中央部位容易产生热能,使烟支局部温度升高,发生焦化,甚至自燃;一些产品的有效成分容易挥发,导致产品品质下降;产品中一些成分容易自然分解或风化失水等。此外,贮藏过程中水分变化也会影响抽吸感受,因此,贮藏时更应注意湿度的控制。

5.3　引起加热卷烟产品质量变异的因素

5.3.1　自身因素对加热卷烟产品质量的影响

5.3.1.1　加热卷烟产品含水量

在一般情况下,加热卷烟产品的含水量为 10%～20%。烟支水分含量不仅会影响产品的外观质量,还会对烟气中的水分、烟碱、总粒相、香味成分等造成影响,从而影响吸食品质,水分也是大多数虫害和霉菌生长繁殖的外部条件。水分含量过高的加热卷烟产品容易出现黄斑、组分析出、质地变软、发烟量小、香气稀疏、烟气烫口甚至长霉的现象,水分含量过低则容易发生掉粉、顶出、干燥性和刺激性增强等。测定加热卷烟产品含水量的常用方法有烘干法、卡尔费休法、色谱法等。

5.3.1.2　加热卷烟产品所含化学成分

加热卷烟产品所含的生物碱和一些香味成分,在空气或日光的作用下,可能会发生氧化分解而变质,故应避光贮藏;加热卷烟烟支结构疏松多孔,产品内所含发烟剂容易吸潮,所以贮藏时应注意干燥,避免湿气和日光的影响使水分含量发生较大变化;加热卷烟产品内所含挥发油在常温下可自行挥发,使得香气消失,风格发生变化,因此产品应尽量在低温、干燥、密闭的环境中贮藏;含糖量高或水分较多的产品易发生虫蛀、霉变,含油脂类香味成分较多的产品易发生酸败等。此外,加热卷烟各结构段间的甘油、丙二醇、香精等化学成分可能会发生转移。研究发现,卷烟在室温下存放 2 个月后,烟丝中的丙二醇向丙纤和醋纤型滤嘴中的转移率分别为 2.78% 和 21.95%,而滤嘴中三醋酸甘油酯向烟丝中的转移率为 4.86%。加热卷烟在存放过程中化学成分转移的研究未见报道。

5.3.2　环境因素对加热卷烟产品质量的影响

下面介绍空气、温度、湿度、日光、空气、霉菌、虫害、包装容器、贮存时间对加热卷烟产品质量的影响。

5.3.2.1　空气

空气中含有的氧气、臭氧可引发产品的变异,尤其是臭氧,虽然在空气中含量极少,但其氧化性极强,会加快产品中有机物的氧化。烟叶直接与空气接触,会加速黄斑及霉变等变质现象的发生。烟叶贮存时缺氧或充入氮气、二氧化碳、加入脱氧剂等进行脱氧处理,可以防止大多数霉菌的繁殖。刘军研究表明,在环境温度高于 30 ℃时,密封烟垛内 1% 的氧气浓度持续 20 d,或密封烟垛内 2% 的氧气浓度持续 30 d,烟垛内的烟草甲成虫和幼虫死亡率均能达到 100%。

5.3.2.2　温度

适宜的温度对保持产品稳定的品质十分重要。当温度过高时,产品内部的分子运动会加快,可能会增加其变质机会,含水分过多的产品其水分流失增快,含油脂类香味物质多的产品可能会出现黄斑、结晶析出,含糖高的烟丝会黏连成块,部分易挥发的香味物质损失;温度过低可能会损害某些水分含量较高的产品。此外,产品储存过程中温度骤降会引起烟包凝露,甚至发生霉变的情况。目前加热卷烟相关研究未见报道,早在 1991 年研究人员已经关注到温度骤降对卷烟的影响。

烟支经防潮密封包装后,包装体内的环境是相对稳定的,尤其是防潮包装较好的甲、乙级卷烟。商品包装体温度或卷烟体温度则与外界环境温度建立趋于一致的平衡关系,但要比环境温度变化的速度缓得多。密封包装的卷烟,在环境温度骤降达 6 ℃时,即会使包装体内空气湿度达到饱和而产生结露,造成商品局部水分较高。卷烟中的霉菌孢子,当其水分和温度达到能够满足它生长、繁殖的条件时,便会引起霉变。所以,在高温季节,当水分含量较高或贮藏环境温度很低时,极易造成商品霉变的发生。贮藏环境温度过低而引起商品发霉的现象是屡见不鲜的。余校芳在全国卷烟防霉度夏检查中发现,一些单位库内外温差在 10 ℃左右,有的达 13~14 ℃,商品霉变时有发生,但许多单位至今尚不清楚问题发生在哪里,给卷烟销售和企业经济效益造成巨大损失。卷烟在物流过程中所遇到的各种环境因素,都会对卷烟的质量产生影响。如运输环节的高温环境,是产生热冲击现象的重要外因。因此,卷烟物流中各个环节的养护工作都不能忽视,尤其是防热、防潮。烟箱不能裸露在大气中,更不能曝晒。

5.3.2.3　湿度

当空气中的湿度过低时,空气中的水分含量下降,含结晶水成分的产品会因为失去结晶水而风化,当湿度过高时,产品中的含水量将会增加,导致含糖量高的产品发生霉变或虫蛀,含盐分高的产品出现结晶析出(溶化或潮解)。此外,空气湿度的变化会影响产品水分含量的变化,产品较高的含水率可能会导致烟气稀疏甚至不冒烟的情况,含水率较低则影响抽吸舒适性,增加干燥感和刺激感。

加热不燃烧卷烟中甘油含量较高,极易受潮,受潮后不仅影响卷烟外观质量,还对卷烟的发烟量、劲头等感官有影响。李朝建研究水分含量对不同类型加热不燃烧卷烟化学成分的影响,发现烟气水分释放量、烟气粒相物重量与烟支含水量呈正比,粒相物含水分量为53.33%～65.89%。湿度对产品微观结构也有影响,稠浆法薄片制备产品A随着平衡湿度的增加,表观形貌趋于致密;随着样品平衡湿度降低,表观形貌趋于松散。造纸法薄片制备产品B经不同的湿度平衡后,表观形貌差异不明显,均可见纤维基片层和涂布层(见图5-1)。

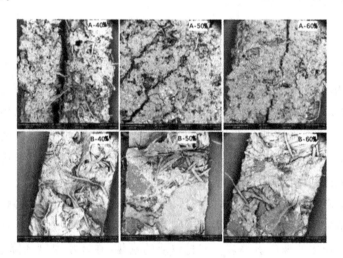

图5-1　卷烟SEM图

5.3.2.4　日光

日光中蕴含大量的能量,可使加热卷烟产品温度升高,而在日光直射下烟支成分还会发生氧化、分解、聚合等光化反应。红外线过大会使某些产品香味组分破坏、酸败、分解等,但紫外线能杀灭霉菌,起到防霉作用。

5.3.2.5　霉菌和虫害

霉菌和虫害对传统卷烟的破坏较容易发生。但加热卷烟发展时间较短,目前未见加热卷烟产品有关发霉和虫害的报道,加热卷烟质地疏松,水分含量较高,同样含有糖、蛋白类物质,具备微生物生长的必要条件。空气中含有大量的霉菌孢子,在适宜的环境条件下,霉菌孢子若散落在烟支表面,容易萌发成菌丝并产生酵素,从而分解产品中的蛋白质、糖类等,导致产品霉变。引起烟支霉变的真菌类群十分复杂,主要有曲霉(Aspergillus)、青霉(Penicillium)、毛霉(Mucor)。

5.3.2.6　包装容器

控制水分是提升加热卷烟品质稳定性的关键,通过包装阻隔加热卷烟与外界环境进行物质交换,从而减少产品质量的衰减是目前最普遍的方法。加热卷烟的包装具有以下作用:首先,便于消费者识别和享用。香烟成为社会交际的手段,也有赖于它具有美好的外观;香烟的外包装还是其产品档次与规格的标识。其次,保护产品品质。卷烟的包装能够在一定期限内保存烟支的水分,在潮湿季节防止霉变,在干燥季节防止空松;还能使香精不易挥发,维持香气值。最后,便于产品运输、储存和销售。中东地区气候炎热干燥,如何保持卷烟的新鲜度是一个难题。英美烟草推出了一种新的保鲜密封包装,这种包装首先投放沙特阿拉伯市场试销,用保鲜密封膜代替铝箔纸包裹烟支来保持卷烟的新鲜程度,吸食第一支烟和最后一支烟的新鲜度并无差别。消费者对这种新的包装形式比较满意,仅仅一年的时间,应用此包装的登喜路牌卷烟在沙特阿拉伯的销量就几乎翻番。为此,英美烟草在消费能力较强的沙特阿拉伯推出了限量版的登喜路牌卷烟,其包装盒具有良好的弹性,非常时尚、简单、方便。

5.3.2.7　贮存时间

在适宜的温湿度条件下,烟草产品储存适当的时间可以明显改善烟叶品质、增加烟香、降低刺激性。国内较少有关贮存时间对加热卷烟影响的研究,司晓喜制备了 3 种不同 a_w(0.456、0.621、0.806)的芯材样品,考察其在密闭条件下存放 0~24 周后外观和微生物指标的变化,随存放时间的延长,3 种样品的 a_w 均无明显变化。初始 a_w 为 0.806 的芯材样品,存放半个月后表面即开始出现白色斑块,且随存放时间的延长,白斑面积扩大;而初始 a_w 为 0.456 和 0.621 的芯材样品,外观无变化。不同 a_w 的样品存放 24 周后菌落总数变化不大,霉菌计数明显降低。陈强发现烟叶中的总糖、烟碱、淀粉、硝酸盐和总挥发碱含量随贮叶时间的增加呈明显下降趋势。王戌华研究贮叶时间对烟丝关键指标的影响,发现贮叶时间在 0~36 h 对感官质量、常规化学及烟气指标基本无影响,对烟丝结构有一定影响;随着贮叶时间的增加,烟丝整丝率呈下降趋势,烟丝碎丝率呈上升趋势,说明随着贮叶时间延长,烟丝的耐加工性减弱。烟叶形态均随着贮叶时间的延长由舒展向皱缩转变,皱缩程度不一。其中在温度 15 ℃、湿度 40% 的贮叶环境时,烟叶贮存时间控制在 2 h 以内;在温度 20 ℃、湿度 60% 的贮叶环境时,烟叶贮存时间控制在 4 h 以内;在温度 35 ℃、湿度 70% 的贮叶环境时,烟叶贮存时间控制在 8 h 以内。张梦玥研究 5 种烟叶储藏 5 年,NNN、NNK、NAB、NAT 和 TSNAs 总量均不断上升。

5.4　加热卷烟产品的贮藏

5.4.1　卷烟生产环境技术要求

卷烟生产环境的控制对产品质量至关重要。生产环境的要求通常由工厂工艺部门进行评估和确认。一般会对卷烟生产区域的空气温湿度、虫害防控、环境气息等做技术要求。①通常会根据卷烟生产的不同地域,使空气温度保持在 22~35 ℃,空气相对湿度保持在 55%~70%;膨胀丝生产线各区域温湿度要求与制丝生产线相同。各卷烟工厂在确保生产运行稳定、产品质量最佳的前提下,根据工程所在地理位置、气候条件,综合考虑原材料消耗和能源消耗等因素,制定各工厂生产区域空气温度和相对湿度执行标准,尽可能使生产过程处于良好的环境条件。②温湿度控制系统工作能力满足工艺要求,室内风管及进风、出风口布置要合理,室内空气循环良好。各卷烟工厂应按生产区域进行空气温湿度监测点布局,监测点挂表或传感器精读要满足一定的设计要求。③环境气息是生产现场或物料贮存环境中可能影响产品感官质量的各类气息的统称,由工厂工艺部门进行评估与确认。在生产期间车间内严禁喷漆、药物喷洒等有毒有害作业。在生产车间内进行了局部土建、烧焊、油漆、喷刷等施工作业后,应确认环境气息对产品感官质量无影响后才能生产。生产车间外围进行有毒、有害、有异味的绿化喷药、施肥等活动,应确保不会污染卷烟原料、烟用材料、半成品和成品。统一区域生产风格差异大的产品(如薄荷味、果味),应加强区域管理,确认环境气息对产品感官质量无影响后才能生产。④工厂应按照相关烟草虫害防治管理办法,结合工厂所在地理位置的环境规律、区域规律以及虫情时间规律等特点,有针对性地开展虫害防治工作。

5.4.2　烟用香精贮藏要求

5.4.2.1　烟用香精贮藏要求

烟用香精是卷烟生产中加入烟丝中的添加物。它是由两种以上的香料按一定配比并加入适当的辅料(载体、色素、抗氧剂、防腐剂等)和适当的溶剂组成的添加剂,专供各种烟草制品加香矫味使用,使之在燃吸时能产生优美的香气和舒适的吃味。卷烟的香气和吸味主要来源于烟草所具有的天然香味物质,以及经过调制、复烤、发酵和陈化过程形成的香味物质,但由于客观条件的影响,烟质会出现波动。因此,在卷烟生产中常常遇到产品质量与配方要求之间存在一定的差距,表现出香气不足和平淡、吃味欠佳、杂气重、刺激性和辛辣味较大等方面的缺陷。出现这些差距时,一方面可以选用适当的原料以调整烟叶配方来补救,另一方面可通过使用烟用香精加香来有效地克服烟叶自身质量的局限。在卷烟加工过程中,将烟用香精加入烟丝中可以克服烟叶自身质量的局限,矫正、弥补和提高烟草制品的香味,遮盖杂气,减少刺激性和辛辣味,同时消除烟叶质量波动对卷烟风格所产生的影响。

同时,为了提高吸烟的安全性,不论在国外还是国内,降低焦油量已经成为卷烟生产的一个重要课题。然而烟草中的许多香味物质都存在于焦油之中,伴随着焦油量的降低,烟味变淡,香气减弱,卷烟产品失去原有的风格,难以被消费者所接受。因此,在降低卷烟焦油量的同时,增进和提高烟气浓度和香味,也只有借助于加香加料技术。据统计,目前全国烟草行业每年花费在烟用香精香料上的费用是 20 亿元,占卷烟材料总成本的4%。尽管烟用香精在总成本中的花费不多,但烟用香精依然是卷烟工艺中至关重要的技术环节,特别是在我国卷烟品牌日趋集中、市场竞争日趋激烈的今天,加香加料更是卷烟生产中举足轻重的环节。

加热卷烟产品的烟芯材料主要由再造烟叶制成,同时经过 300~400 ℃时较低温度烘烤,烟草本身的香味成分并未得到充分释放,与传统卷烟不同,加热卷烟产品需要添加一定量的烟草浸膏或其他香精才能保证烟香浑厚,并且形成加热卷烟特有风格。加热卷烟单支加香量一般是传统卷烟的 8~15 倍。作为卷烟企业中一项重要的添加物,烟用香精价格自然不菲,从几十元一斤到几百元甚至上千元一斤。大多数卷烟企业所使用的香精大多来自国内的香精企业,然而很多香精企业由于条件有限,烟用香精的质量波动很大,这就极大地影响了卷烟企业的卷烟质量的稳定。因此,烟用香精的储藏要求及质量控制已经成为烟草企业一项重要的课题。

5.4.2.2　烟用香精质量控制方法

烟用香精是个复杂的混合体,其中 60%以上是溶剂(水、乙醇、丙二醇、丙三醇等),10%~40%是致香成分。烟用香精香料属食品添加剂范畴。国外对食品添加剂的管理分为三种方式:一是许可添加剂制度,将可以向食品中添加的物质列出名单;二是禁用添加剂制度,将禁止向食品中添加的物质列出名单;三是混合名单制度。但国外没有香精香料产品标准,有关香精香料产品的具体技术指标要求一般由供需双方以合同方式确定。我国对烟用香精的质量控制起步较晚,最早的卷烟企业很少对入库的烟用香精进行检测,即使检测,也只是对其香气进行粗略的检验。我国烟草行业真正开始注重对烟用香精的质量控制是从 1992 年开始,原轻工业部颁布了中国第一个烟用香精检测标准《烟用香精》(QB1506—1992),现在烟用香精的质量控制方法还在不断地改进。本部分将综述和评价我国烟草行业的烟用香精的质量控制方法。

1. 物性指标控制

国内对烟用香精质量进行控制的产品标准最早为 1992 年上海香精香料研究所起草,由原轻工业部颁布的《烟用香精》(QB1506—1992),该标准对烟用香精的色泽、香气、相对密度、折光指数、溶混度和澄清度六项指标提出了技术要求。这些技术要求对控制烟用香精的质量不够全面、充分,有些技术要求在烟草行业并不适用,比如色泽这一要求,由于烟用香精中含有天然提取物,色泽要保持稳定是不可能的;同时技术指标过少,不足以准确把握产品质量。因此这个标准不适合烟用香精产品的质量控制。

1998 年国家烟草专卖局发布实施了 YC/T 145 系列标准,YC/T 145 共包含九个方面的内容:酸值的测定、相对密度的测定、折光指数的测定、乙醇中溶混度的评估、澄清度的评估、香气质量通用评定方法、标准样品的确定和保存、香味质量通用评定方法、挥发性成分总量通用检测方法。这九个方面的内容是控制香精质量所必需的,优点是不需要贵重复杂的仪器设备,便于在卷烟企业、烟用香精生产企业和各级烟草质量监督检验机构使用。总的来说,卷烟企业、烟用香精香料生产企业和各级烟草质量监督检验机构目前对烟用香精的质量主要通过对折光指数、相对密度、酸值、挥发酚总量等一些物性指标的检测及人工嗅香这两个环节来控制。折光指数、相对密度、酸值、挥发酚总量等一些物性指标只能从总体上反映香精的某些特性,而人工嗅香是以鼻子作为识别工具的。由于人工嗅香受主观意识、环境和个体差异等因素的影响,从而不能准确客观地判定香气质量。同时折光指数、相对密度、酸值、挥发酚总量等一些物性指标也不能从化学组成的角度对嗅香的差异做出定性、定量的解释,因此依靠这些指标不能有效地监控香精的质量波动情况。上述各项检验方法基本上是对香料、精油、合成和单离香料与烟用香精的共性的物理化学指标进行测定。但是对于烟用香精来说,溶剂是烟用香精中含量最大的成分,所占比例达 60% 以上,其余 10%~40% 是致香成分,影响烟用香精上述物性指标的主要是溶剂。依靠这些物理化学指标不能有效地监控香精的质量波动情况。有些香精厂家为了牟取暴利,通过添加大量溶剂将以上指标调到合格,损害了卷烟厂的利益;有些香精中含有国家已明令禁用的成分,如果使用会给消费者的健康带来极大的损害,也就是说,即使物理化学指标相同,致香成分的质和量也可能是不同的。物理化学指标不能完全准确地反映烟用香精致香成分的变化以及有害成分的存在。

2. 重金属和砷控制

卷烟是特殊食品,烟用香精是这一特殊食品的添加剂。为实现"吸烟与健康"这一主题,我国在烟用香精上参照国内外有关规定提出了安全指标以及检验标准《食品添加剂中铅的测定方法》(GB/T 8449—1987)和《食品添加剂中砷的测定方法》(GB/T 8450—1987)。对烟用香精,国家烟草专卖局于 2002 年制定了限量标准,砷的含量不应高于 1.0 ppm,即小于等于 1.0 mg/kg;铅的含量不应高于 5.0 ppm,即小于等于 5.0 mg/kg。砷和铅都是对人体有害的金属,易在体内蓄积,不易排除,对人体的神经系统、血管系统会产生危害。对砷、铅的控制,从一定程度上保证了烟用香精香料的安全性,但是烟用香精中可能含有的有害物质不止这两种金属。除铅外,还有其他重金属。重金属的区分在不同的行业有不同的标准,在食品卫生中,按照金属毒理学,将非人体必需的、易在体内蓄积、对人体产生危害的金属元素划分为重金属。根据联合国粮农组织/世界卫生组织（FAO/WHO）食品添加剂专家联合委员会的建议，结合我国的情况，国家目前所控制的重金属一般包括铅、镉、汞、镍、铬、钴等。这些重金属都是卷烟烟气所含有的，因此单单控制铅和砷不能完全反映烟用香精的安全性，为了保证烟用香精的食用安全性，必须对其他重金属如锡、汞、镍、铬、钴等进行控制。

3. 溶剂控制

香精的分析是一项艰巨的工作，这是由于香精是一个复杂的混合体，其浓度很低，大量存在的组分是溶剂。1998 年刘百站等人用气相色谱分析烟用香精香料中的溶剂和水分，2000 年宫梅等人使用顶空/色谱分析烟用香精中浸膏、精油溶剂残留，这些方法仅是从分析溶剂的角度来稳定烟用香精的质量。优点是可以防止厂家添加大量溶剂，但是对于含有复杂成分的烟用香精来说，仅分析溶剂是不够的，我们更关心的是香精各种复杂的组分及其配比会不会在不同的产品批中发生变化，而这正是影响烟用香精的使用效果的关键因素。

4. 指纹图控制法

国际上大型的卷烟企业所用的香精大多是首先多方采购单体，然后自己进行二次配方合成的。所以对于它们来说，控制单体质量是关键。我国卷烟企业所使用的烟用香精完全从烟用香精生产商那里购买，同时烟用香精生产商以技术保密为借口，卷烟企业不能从生产商那里得到所购买的烟用香精的内在致香成分及其含量等重要技术数据，这就增加了烟用香精的质量控制难度。而且每一种烟用香精都是独特的，这种独特是指每一种烟用香精都有自己的物理特性，都有不同于别的香精的内在致香成分及其含量。就烟用香精的质量控制而言，目前我国还没有一个完善准确的方法。国外已有的关于精油、单体香料的研究报道很多，但是关于烟用香精内在致香成分的质量控制方法的报道几乎没有。国内对于这方面的报道也较少。单单控制物性指标不能准确地控制香精质量，而气相色谱仪和气质联用仪等分离分析仪器使得对香精内在成分的剖析成为可能。指纹图控制烟用香精的方法主要是指利用 GC、GC/MS 分离分析烟用香精的内在组成，形成标准特征色谱指纹图，比对其他批次色谱指纹图，来判断烟用香精的质量。1998 年刘维娟等提出用气相色谱法测定控制烟用香精的质量，李广良等提出气相色谱法-质谱联动仪对天然香料的谱图对比分析，2001 年廖启斌等提出固相微萃取-气相色谱-质谱法测定烟用香精的挥发性成分的方法，2002 年文鹏等人提出利用气相色谱法质谱联动仪获取样品指纹图、建立烟用香精质量控制方法，研究张荣立样品特征档案控制烟用香精的质量。至此烟用香精的质量控制已经从单纯的控制物理指标到控制其中所含溶剂的成分和量，再到指纹图控制法。指纹图在控制香精香料质量方面有了很大的进展，特别是组分的缺失或多出，能从指纹图中很明显地看出；另外，指纹图能显示出烟用香精组分的大体改变,缺点是不能准确地反映出各个组分含量的变化。而对于香精来说,组分之间的协同作用非常关键,如果组分的含量发生了一定的变化,会影响组分之间协同作用的效果,从而使加香的作用达不到预想的结果。

5.5 加热卷烟产品对环境的基本要求

卷烟产品疏松多孔,含有蛋白质、果胶以及有机盐等具有较强水分结合力的物质,易受环境湿度的影响。随着环境湿度的变化,烟支含水率也会在加工、运输过程中随之发生改变。烟支含水率与烟支品质紧密相关,当环境湿度较低时,烟支水分会逐渐散失,导致卷烟抽吸干燥感增加,刺激变大;当环境湿度较高时,烟支易受潮,不但影响外观质量,对发烟量、劲头、香气状态等也有影响,甚至出现霉变。因此,卷烟生产工艺有明确的规定,需要满足冬季(当年 12 月 1 日至次年 3 月 31 日)温度(24±2) ℃、湿度(60±4) %RH,夏季(当年 4 月 1 日至 11 月 30 日)温度(26±2) ℃、湿度(58±4) %RH 的工艺标准。

而加热卷烟是一种通过加热蒸馏方式(500 ℃以下)使烟芯材料受热释放气溶胶的新型烟草产品。目前加热卷烟烟芯材料主要是再造烟草薄片或烟草颗粒。烟芯材料是加热卷烟发烟产香的主要载体,为了使烟支有良好的发烟状态,烟芯材料制备过程中会添加 20%~30%的甘油、丙二醇等作为发烟剂。加热卷烟和传统卷烟的材料与工艺不同,其吸湿能力也有较大差异,受环境湿度影响程度也不同。目前国内有关水分对加热卷烟品质影响的报道鲜见。

四川中烟系统地研究了环境湿度的变化对加热卷烟烟支品质的影响。环境湿度与加热卷烟烟支含水率呈正相关,其中存放 7 天期间,43.2%湿度时烟支含水率变化程度最小,90.0%湿度时变化程度最大。环境湿度越高,烟支水分活度越高,从第 4 天起水分活度趋于稳定。烟气水分、总粒相随环境湿度增加而上升,而烟气烟碱含量与环境湿度呈负相关。环境湿度对宽窄原味加热卷烟烟支重量变化有影响,在 22.5%、43.2%湿度环境时,烟支失水,烟支重量减少,在 60%~90%湿度环境中烟支吸潮,烟支重量增加,22%~90%的环境湿度对烟支圆周、圆度影响不明显。烟支在较低湿度(22.5%)的环境存放时,加热卷烟抽吸干燥感明显,刺激性增强;随着环境湿度增加,存放时间延长,出现烟雾量减少、香气稀疏、烟气烫口等现象,当湿度为 90.0%时,存放 7 天后甚至出现不发烟情况。不同湿度储存期间对感官的影响见图 5-2。综上所述,以干法造纸法为代表的宽窄加热卷烟产品不同于传统卷烟的 60%湿度的存放条件,更适合在 43.2%的环境相对湿度中存放。环境湿度的变化对烟支品质有较大影响,建议生产周期不宜超过 3 天,加强产品包装的研究以减少烟支与外界环境的物质交换。不同环境湿度对烟支水分和烟气水分的影响机理还有待进一步研究。

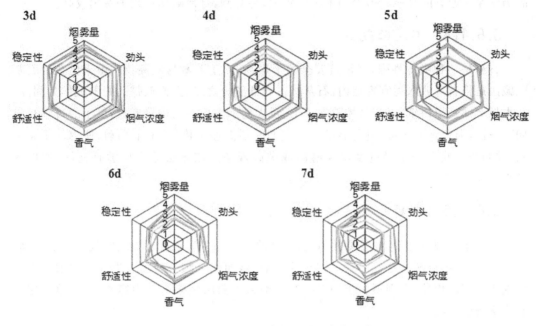

图 5-2　不同湿度储存期间对感官的影响

5.6　加热卷烟产品的养护

5.6.1　传统养护技术

5.6.1.1　自然通风法

自然通风法作为一种经济实用的防潮方法,在实际工作中常得到运用。在晴天、室外空气良好时可打开库房门窗通风透气,通风时需注意风向、风速,当不利于自然通风时应打开排风扇通风。

5.6.1.2　干燥法

烟叶被加工成烟丝后改变了原有的形状,增大了表面积,极易受潮。当含水量在11%以上,温度在16～35 ℃时,烟丝中未除尽的虫卵会化为幼虫。故烟丝加工过程中必须充分干燥以杀灭虫卵,是烟支长期贮藏的关键。

5.6.1.3　冷藏法

冷藏法是指把烟支放入低湿的冷藏柜中保存。因为温度较低,烟支经冷藏后害虫不易繁殖,防虫效果好。早在 1981 年就有研究发现,在零下 15 ℃的环境中保存 14 年的样品仍然保持原有的品质。但冷柜中湿度较大,易受潮,且冷藏储存维护费用较高。

5.6.1.4 石灰贮藏法

石灰是一种吸湿性强,经济且安全的干燥剂,用于贮藏易吸潮物质由来已久。石灰贮藏法是将石灰放入适宜容器内,石灰约占容器五分之二,上面放带孔的木板作为间隔,在木板上铺一层白纸,将产品摊放在纸上,量大的烟支应一药一器盛放,量小的可多规格同贮一器,但要标明名称,避免混淆。贮藏期间还需经常检查,上下翻动,使内外干燥一致,并防止有些烟支干燥过度出现酥脆或破碎现象。该方法适合科学研究,生产应用较少。

5.6.1.5 密封贮藏法

为防止出现虫蛀、霉变等变质情况,通常将烟支与外界温度、湿度、空气、日光、霉菌、害虫等隔离,尽量减少这些因素对烟支的影响,从而保证烟支质量。但在密封前必须保证烟支无变质现象,否则不利于烟支贮存。密封贮藏法一般可分为容器密封、罩帐密封和库房密封三类。

5.6.1.6 药剂熏蒸法

采用磷化铝(或磷化镁)常规熏蒸、磷化氢结合二氧化碳混合熏蒸等方法熏蒸烟叶、烟丝,可有效杀灭原料内含有的微生物,但要遵照国家药典标准,相应药剂残留量不得超标。上述熏蒸方法虽然应用广泛,但都存在磷化物自燃、混合熏蒸机操作不当可能发生燃爆事故等安全隐患。另外,随着环境友好型社会的建设步伐的加快,坐落在城区特别是大、中城市人口密集区的烟叶仓库熏蒸防虫工作面临着更多的环境保护和空气污染方面的压力。要解决上述问题,在没有发现新的可替代磷化氢的熏蒸剂之前,现实可行的办法主要涉及以下三个方面:一是减少烟叶在储存期间的熏蒸次数,如果能将目前的每年2~3次熏蒸减少到2~3年只进行1次熏蒸,将大大降低防虫工作的风险和安全隐患;二是熏蒸后的毒气集中进行净化处理后排放,实现有毒污染物的安全排放(或者使用人工制氮替换空气中的氧气,达到气调杀虫的目的);三是营造一个适宜的、小的密闭环境,使烟叶在熏蒸1次后能得到一个安全、无虫、干燥、可调控的、易于自然醇化的环境。此外,有报道称桂皮醛等挥发油挥发的蒸气具有防霉抗虫效果。

5.6.2 养护新技术

养护新技术包括远红外加热干燥、微波干燥、气调、射线辐射杀虫灭菌、包装防霉、气幕防潮、蒸汽加热、气体灭菌、挥发油熏蒸防霉养护技术等。

5.6.2.1 气调养护

气调养护是指通过集成的物理化学方法调控密闭空间中的空气组分,人为营造害虫及霉菌无法存活的密闭环境,达到防治害虫、防止霉变、保持品质的目的。该方法广泛应用于食品行业,同时也适用于卷烟的综合贮存养护,不仅能解决加热卷烟仓储过程中发生的虫蛀、发霉、结晶析出、色泽改变等问题,还能保持加热卷烟的内在品质和有效成分基本不变。

近年来,福建中烟、广东中烟、广西中烟、山东中烟、贵州中烟、河南中烟、江苏中烟等卷烟工业企业开展了大量的气调贮存养护技术研究,以实现防治片烟害虫、霉变和保持片烟品质的目标。烟叶气调贮存养护降氧方法主要有充气降氧(包括氮气和二氧化碳)和气调剂降氧。充气降氧所用的氮气或二氧化碳来源于工业生产的钢瓶气和设备产气,其中氮气来源于钢瓶氮气和制氮机产气,二氧化碳的来源以钢瓶二氧化碳为主;气调剂以氧化剂为主要成分,通过与密封帐幕内氧气发生化学反应达到降氧目的。目前,烟叶气调贮存养护氧气调控主要是充氮降氧和气调剂降氧,二氧化碳由于成本原因并未大规模应用于烟叶仓储气调养护领域。采用制氮机充氮降氧,最短 8 天时间,烟垛内氧气浓度可降至 2.0% 以下。采用气调剂降氧,在常规用量条件下,垛内氧气浓度降低到 1.0% 左右时需要 28 天。可见气调剂降氧速率明显低于充氮气调。此外,气调剂降氧速率受环境温度的影响,在非空调库或没有供暖的仓库,冬季降氧速率明显低于夏季,且使用完后会产生固体废渣等。充氮降氧则可以避免上述缺点。

5.6.2.2　辐照技术

辐照技术是利用 ^{60}Co、^{137}Se 产生的 γ 射线或电子加速器产生的电子束、X 射线,与物质相互作用所产生的物理效应、化学效应和生物效应,对被加工物品进行处理,以达到预期目标。辐照技术具有以下特点:①辐照技术属于"冷加工"技术,能很好地保持物质原有的内外在品质;②可对包装好的产品进行加工,操作简便、快捷;③辐照没有化学药物残留,不污染环境;④辐照杀虫、杀菌彻底,卫生安全性高;⑤辐照技术处理成本低,能耗少,节省能源。辐照技术是一项绿色高新技术,目前,辐照技术已被广泛应用于食品、农产品、香辛料和调味品的辐照杀虫与灭菌,水产品、肉制品中抗生素和农药残留的辐照降解,果蔬的辐照检疫,白酒的辐照陈化;还可用于药品、医疗器械、卫生保健用品的灭菌消毒;其他方面的应用有高分子材料、电子元件半导体、玉石、珍珠、水晶的辐照改性,儿童玩具灭菌消毒,化妆品辐照灭菌,饲料、宠物食品的辐照杀菌,皮革灭菌防腐以及高档妇幼纸制品灭菌,以及商品养护、花卉保鲜、书画防腐等。辐照技术应用于烟草可以起到杀虫、防霉、加速醇化、改善吸食品质、降解有害成分等多重作用。

辐照对害虫的效应主要包括致死、抑制发育、不育、减弱生殖力和减少取食等。国内外的研究中,辐照防虫技术应用最多的是 γ 射线。γ 射线辐照对烟仓害虫有不育和致死效应,可以有效防止害虫对烟草的危害,适宜的防控辐照剂量在 1.0 kGy 左右。辐照技术可以有效地防止烟草霉变,能够大大降低烟草在加工、贮运中的霉变损失。王应昌等采用 60Co-γ 射线对卷烟和烟叶的辐照防霉效应进行了研究。结果表明,γ 射线对烟草具有良好的防霉效果,防霉效果随剂量的增加和贮藏时间的延长越来越显著。目前,电子束辐照烟草防霉的应用尚未见报道,但电子束辐照粮食、食品杀菌防霉的研究已有不少报道。辐照可以加速烟草醇化,改善吸食品质。陈云堂等采用 ^{60}Co-γ 射线对原烟、复烤烟叶和卷烟的辐照醇化效应进行了研究。发现辐照对烟草醇化具有良好的促进效果。原烟经过适宜剂量辐照后,烟质均有所提高,香气、浓度均有所增加,杂气明显减少,吸味得到改善。唐承奎等研究认为,辐照可以使焦油中的多环芳烃化合物、喹啉等碱性成分有所下降,从而对降低卷烟的毒性有一定的作用。

5.6.3 库房管理方法

首先,确保专库专用,将加热卷烟按品牌、规格等进行分类存储,便于规范管理。根据风格特征,加热卷烟一般分为烟草口味、薄荷口味、风味类三种;按照工艺,可分为有序结构、无序结构。对不同产品内在水分的要求有所不同,常规要求加热卷烟成品烟支原料水分在 8%～10%,执行标准的允许差为±1%,一般在春夏季节稍低些,秋冬季节稍高一点。如果水分过高,则烟支发软,吸味转淡,且容易熄火和发生霉变;水分过低则外包皮开裂,烟味容易散失。

其次,随时关注气候变化,控制好温湿度。一是当温度或湿度不在标准范围内时要及时开空调或增湿机进行调整。二是警惕湿度假象问题。在 5—9 月高温高湿的天气下,当加热卷烟库内的相对湿度达到 65%～75% 时,温度却高于 20 ℃,因而必须开空调保证温度达标。但随着温度的下降,湿度计显示的湿度也会跟着下降,给我们造成一种假象,认为湿度低了,于是又开增湿机增湿,而这时的真正湿度已经超标,但湿度计无法测出来,加热卷烟长期在超高的湿度中存放,就会受潮、生霉点。结合夏季南方地区高温高湿的气候特征,其实只需要保证温度在合适范围,而不需要增湿,加热卷烟的存放环境自然是达标的。

再次,对产品进行定期抽检,做好抽检记录。发现问题,首先要将问题产品进行隔离,防止问题蔓延。在此基础上,进一步分析问题成因,及时采取相应措施。若产品受潮生霉点,要及时检测并调整库内的湿度情况。对于生霉的产品,先用干布将霉点轻轻抹去,然后进行去湿处理,处理好之后并不影响产品的品质;若产品发生生虫状况,要及时检测并调整库内的温度情况。将生虫的产品放进密封塑料袋,然后放入冷冻柜冷冻 2～3 天,待虫杀死后取出,生过虫的产品不能再进行销售。

最后,产品库应使用专用电,及时添置库内相关设备。常用的加热卷烟保管设备主要有空调、增湿机,有条件的还可以专门建设保湿房。对于存放规模较小的,也可以配置保湿盒,其温度可自动调节,而且可将湿度自动保持在 40%～45% 的状态。

5.6.4　流通过程常见存放方法

5.6.4.1　选择存放位置

加热卷烟保管温度以 22～26 ℃为宜,湿度以 40%～45%为宜。注意将加热卷烟放在阴凉干燥、通风的高处,以利于防潮降温。如客户店面没有简易仓库来保存卷烟,可选择陶缸、木箱、铁皮箱等短期存放卷烟,湿度太大时应使用干燥剂(如生石灰、木炭等)吸潮,值得注意的是,切不可将卷烟长时间放在地上,和农药及真伪食盐放在一起。

5.6.4.2　避免阳光直射

柜台放在门口,阳光直接照射时间长,容易引起卷烟干霉变质。要注意的是,卷烟一旦受潮、雨淋,绝不能在阳光下暴晒,这样会使卷烟变质更快。正确的处理方法是:将受潮、雨淋的卷烟迅速进行隔离,在阴凉处用电风扇、空调吹干。有条件的可采取升温去湿或机械吸潮措施。

5.6.4.3　忌与杂物混放

不要把加热卷烟和其他有"异味"的商品放在一起。香烟产品和茶叶一样,有较强的吸"异味"能力,而且夏天吸味能力更强,如果长时间将加热卷烟和有"异味"的商品放在一起,难免相互之间产生"串味",这样加热卷烟原本的吸味就会发生改变,特别是不能和农药放在一起。

5.6.4.4　增加检查频率

对于已上架的和库存的加热卷烟,要增加检查频率,发现问题及时采取措施,及时处理。要特别注意密封性不好的产品的保管,由于包装防湿度差,极易进入空气变质。

5.6.4.5　缩短上柜时间

注意及时更换陈列的样品烟,尽量避免阳光曝晒。最好减少实物上柜,可用空的条包、零包展示。若选择"实物烟"上柜,应尽量缩短上柜时间。如果陈列柜受到日晒、雨淋的话,三天就要更换一次;如在室内上柜的,一般一周以上就要更换一次。

参 考 文 献

[1]胡万宏,刘勇,吴敏,等. 薄片原料机械调控养护技术应用研究[J]. 湖北农业科学,2020(10).

[2]刘军. 充氮气调对烟草甲的防治效果试验[J]. 湖北农业科学,2016,55(9):

2249-2251.

[3]余校芳. 对卷烟物流中热冲击现象的探讨[J]. 烟草科技, 1991(03):32-33.

[4]李龙亚. 冷藏保存烟叶样品效果的初步分析[J]. 烟草科技, 1981(03):29-33.

[5]陈善义, 李菁菁, 包可翔, 等. 仓储片烟霉变研究进展[J]. 安徽农学通报, 2017, 23 (14):145-147.

[6]沈禄恒. 熏蒸＋防虫＋养护三位一体化烟叶新仓储养护集成技术研究[J]. 现代农业 科技, 2012, (4):261-262.

[7]任胜超, 彭琛, 林锐峰, 等. 物理气调法片烟养护及醇化效果研究[J]. 中国农学通 报, 2018.

[8]孙建锋, 杨奋宇, 李臻. CO_2 灭杀烟草甲的应用研究[J]. 湖北农业科学, 2020.

[9]张明乾, 范坚强, 包可翔, 等. 四段式气调贮存与常规贮存条件下烤烟片烟的质量差异 分析[J]. 安徽农学通报, 2020.

[10]王应昌, 蔡国良, 陈云堂, 等. 卷烟和烟叶辐射防虫防霉效果研究[J]. 烟草科技, 1985 (4):44-50.

[11]滕金友, 张晓梅. 我国烟草甲防治技术现状及研究进展[J]. 安徽烟草, 2007(5): 23-25.

[12]王应昌, 蔡国良, 陈云堂, 等. 卷烟和烟叶辐射防虫防霉效果研究[J]. 烟草科技, 1985 (4):44-50.

[13]陈云堂, 王应昌, 马伯录, 等. 烟叶和卷烟辐照醇化效果研究[J]. 核农学报, 1999(4): 214-218.

[14]唐承奎, 张沄. 辐射技术在烟草工业中的新用途[J]. 动物学研究, 1985(S1):60.